中国设计创想论坛文集

2015-2017

中国建筑工业出版社

创基金 编

C FOUNDATION
创基金

创基金简介

创想公益基金会，简称"创基金"，于2014年在中国深圳市注册，以设计教育的传承与发展为已任，由邱德光、林学明、梁景华、梁志天、梁建国、陈耀光、姜峰、戴昆、孙建华、琚宾十位来自中国内地、香港、台湾的室内设计师共同创立，是中国设计界第一次自发性发起、组织、成立的公益基金会。随着公益事业的不断推进和发展，创基金于2017年3月，新增加三位执行理事张清平、陈德坚及吴滨，共同推动公益事业的发展。创基金自成立以来，一直秉承"求创新、助创业、共创未来"的使命，和"资助设计教育，推动学术研究；帮扶设计人才，激励创新拓展；支持业界交流，传承中华文化"的宗旨，帮扶、推动设计教育、艺术文化及建筑、室内设计等领域的众多优秀项目及公益活动的开展，得到了设计行业和社会各界的高度认可与好评。

本书编委会

编委会主任：

孙建华

编委会副主任：

梁景华　陈耀光　琚　宾　陈德坚

编委：

邱德光　林学明　梁景华　梁志天　梁建国

陈耀光　姜　峰　戴　昆　孙建华　琚　宾

张清平　陈德坚　吴　滨　姚　京

校核人员：

宋　宁　冯　苏　曾园英

自

序

设之大计，当想之创之

中国公益性质的设计交流平台委实太少。

在中国设计处于历史上从未有过的生机盎然之时，在历史从未对设计赋予如此之高的认同感之时，创想公益基金会（以下简称"创基金"），这个中国设计界第一次自发发起的公益基金会，没有理由迟疑，以平台聚设计之大公，惠普罗之大众，顺其自然，破土而出。

对于我们生活的时代，有太多的感念和礼赞，科技浪潮、师长提携、同仁共勉，太多善的业力浇灌成现今的我们。如今，我们也希望以绵薄之力回馈社会，回馈行业，回馈我们所热爱的设计创意产业。

创基金是一个载体、一个媒介，充盈设计爱意和行业希冀的容器，让梦想照进现实、让现实走近梦想的介质，发起一系列"创想"活动：创想学堂公益 A/B 计划、创想奖学金计划、创想志愿者行动，还有，面向全国设计界开放的纯公益学术活动——中国设计创想论坛，为的是让创想不囿于想象，而是生出双翼，高岗鸣兮。

对于我们生活的时代，我们也有焦虑和迷思，和大多数人一样。这几年我们总说"互联网 +"时代，可是在"全民设计"百花齐放时，何尝不是"设计 +"时代呢？设计如何在时代的风口扶摇直上？设计人又如何在纷繁复杂、价值多元的市场中独树一帜？千头万绪，林林总总，院校、企业、协会、个人，都在寻求答案。

我们需要一个观点的自由市场，共话设计与产业、设计与教育、设计与科技、设计与传媒、设计与生活、设计与未来，问寻常之未问，答以往之避答。从"上善若水"2015 中国设计创想论坛，到"亚洲情·世界观"2016 中国设计创想论坛，再到"设计·生活"2017 中国设计创想论坛，从杭州到上海，再到北京，我们一步步拨开重重迷雾，化繁至简，精准聚焦，一点点呈现设计的普世价值和社会责任，让设计回归到本源，洞悉未来的灵光，这是我们欣喜看到的，也是没有去预想的。一切，都自然发生，吐纳呼吸，就像万物生长，设计也在朝露待晞。

将三届创想论坛的成果付梓成书，是镌刻华山论剑之火花，是注脚设计发展之轨迹，也是把提出的问题和答案交付给未来，让未来去佐证，去实践，或颠覆，或修正。当然，创想论坛还将继续，无限趋近于未来，以此让设计院校、设计业、设计人，乃至大众有所思，有所获，足以。

当然，中国设计创想论坛并不仅限于圆桌论坛，还包括创想主论坛、公益成果展及分享会等环节，本书仅将圆桌论坛观点对话成果予以出版，故此说明。我们对所有参与中国设计创想论坛并做观点分享的各领域的知名人士，深表谢意。由于时间颇为紧切，未能让逾百位圆桌嘉宾逐一校对，而是对现场语音记录进行整理，望予理解。

是以为序。

创想公益基金会

2017 年 10 月

专

论

让设计向探索数字世界延伸
——揭开城市化的新表现及智能城市面临的挑战

莫莫·安德烈·德斯特罗，简南托尼欧·邦焦尔诺

创基金的圆桌对话开拓了一种对未来的探讨与展望。在这里，我想以我们对未来城市的观察与探索参与其中。

当今的大型城市中心区可以定义为当地生态与全球网络的结合；大都市正变身国际化都市，不受本国或本地区影响限制的城市有可能在更加一体化的地区和全球化前景中，扩展其优势和能力。

未来几年内，全球城市将配备各项技术，使新型升级服务和功能以及缜密的数据监测系统成为可能。节能、城市系统优化管理、交通管理和智能能源分配将是这类技术最显著的成效：它们的实施还将为进一步改进和发展新概念提供基础。

然而，仅考虑节能高效和新型服务岂不是太简单了？倘若这一技术实现的新浪潮能将城市市民置于中心地位呢？让市民成为城市发展的真正引擎，他们便能够提供建议和想法并付诸实施，这将减轻城市规划者、建筑师、设计师和决策者的工作。

"智慧城市"将信息—沟通技术与数据管理交叉融合，这个词接下来会定义数字空间与实体空间的交叉。

网络的新式应用已迅速让传统的城市规划构想过时了。当一个街区能通过网络与当地乃至全球其他社区建立联系时，他们还会有社区意识吗？这将如何影响空间设计和管理？同时，信息沟通技术在建筑中的体现仍需进一步探索，这又会让空间与数据流进行接触。

正如安德烈·帕拉迪奥所说："美源于漂亮的外形，也源于整体与部分间的联系、各部分之间的联系及其再次与整体的联系。这样一来，多重结构就能体现为一个完整的主体，其中每个成员都与其他成员一致，而所有成员都是完成建筑所必不可少的。"（安德烈·帕拉迪奥，建筑四书）

如果帕拉迪奥利用的建筑工具是圆顶、柱子及它们之间的相互关系，那么规划者/设计者现在考虑建筑实体元素的同时，还必须考虑这些元素与数字世界的相互关系。新的美将产生于这两种不同体验的联系之中。

因此，一个新的城市规划与空间设计学科十分必要，这将让设计向探索数字世界延伸，从而将实体环境与虚拟空间连接起来。而学科间的融合也同样至关重要，其可行度在未来几年内将会大幅提高。

在目前发生的大规模技术变革方面，我们应当问问自己，优化空间环境这一新方向的可能是什么？各大城市面临的问题应得到解决，且应以一种新式的设计解决，把城市/空间当作相互关系中的一方来考虑，进一步扩展克里斯托弗·亚历山大在《城市不是一棵树》一文中阐释的理论。新的城市规划法和设计还应利用信息技术，不仅用以解决问题，而且要增加这一方法所能带来的新的可能性。新的机遇是将规划学科与来自不同背景的多样个体、互相关联的多重学科联系起来，进一步扩展设计的可能性。

至于帕拉迪奥对其所处时代的技术运用问题，智能技术应聚焦于一种提升创作美感的方法：相互关系。这些技术的简单应用并不能使空间更智能化，而是其背后的理念及这些工具的相关关系才能够成功实现智慧城市。

例如，在一个构想为中央商务区的城市和一个市郊居住区，智慧城市技术有助于更好地管理交通，但不能解决迫使人们开车上下班的根本问题。

未来，和居住在智能环境相反，我们将面临受结构支配而变得比以往更脆弱的风险。另一方面，城市规划者、设计者、活动家、决策者应考虑智能技术解锁的新可能性，以便改善他们围绕市民建造的城市设想。

我们所了解的现代城市是一个近代的概念，只有不到 150 年历史。它根源于 20 世纪基础性的现代发明，如电梯、建筑用的钢筋混凝土、水资源管理、电力和城市流动性。但是，倘若当代技术发展将以一种更综合的方式应用呢？数据流管理、编程、空间与围护结构的设计和利用或可产生交织的可能性，这尚需进一步研究。

其挑战在于，明确新工具在现实和数字基础设施中的合理应用，将其与空间和当下的社会诉求依靠需要联系起来。未来设计新方向的基础应是以用户为中心的设计方法，和聚焦依靠群体智慧设计未来场景的实践。

在这方面，可以运用数据收集和管理来进一步改善服务和功能，还可以将其作为新规划活动或发展的主要信息源。从这个意义上来说，我们希望提出一种新的空间发展模式，即让市民成为空间中积极的利害关系方：每个市民都是大环境中的一分子，并能够积极为大环境作出贡献。

作者：

莫莫·安德烈·德斯特罗生于 1979 年 2 月，意大利建筑师，在精密设计、精确执行的复杂项目设计与管理方面经验丰富。
德斯特罗以最高分从佛罗伦萨大学毕业，其有关发展中国家城市类型学的论文获得特殊荣誉奖。
德斯特罗是 MDDM 工作室的联合创始人，MDDM 工作室是一家年轻的获奖企业，主营建筑设计，业务遍及中国和欧洲，项目范围广泛。
此外，德斯特罗参与了中国住房和城乡建设部、意大利驻华使馆等机构举办的一系列论坛和会议，经常在大学和各大文化机构进行讲座。

简南托尼欧·邦焦尔诺生于 1981 年，活跃于美国、亚洲、俄罗斯和欧洲的意大利建筑师。
邦焦尔诺毕业于米兰理工大学，此前先后在德国和意大利学习。近些年，邦焦尔诺任职于雷姆·库哈斯创立的大都会建筑事务所和 MAD 建筑事务所，并在莫斯科史翠卡学院和米兰理工大学任教。目前，邦焦尔诺正在进行城市规划领域的大规模发展和文化促进项目，建立连接美国、欧洲和中国的桥梁，旨在建筑领域实现文化与务实办法间的平衡。

**Overstretch the urban planning and design disciplines to explore the digital world
-Uncovering a new expression of urbanism and the challenges faced by in smart cities**

By Momo Andrea Destro and Giannantonio Bongiorno

Panel discussions by C foundation extend explorations and expectations on the future. In this article, I would like to engage myself as dialogist to state my observation and ideas on our future city.

Nowadays, large urban centers can be defined by a combination of local habitat and global network: the metropolis is turning into a cosmopolis, the cities beyond national or regional influences have the possibility of expanding their strength and abilities in much more integrated global and local perspectives.

Within years, cities across the globe will be equipped with technologies that will enable newer and updated services and functions together with articulated data monitoring systems. Energy saving, better management for the city systems, traffic management and smart energy distributions are the most evident results of such technologies: their implementation will also generate the basis for improvements and new concepts.

But isn't it reductive to think just in terms of efficiency and new services? What if this new wave of technological implementation could bring citizens at the center? By making them the real engine of the city, they will be able to provide suggestions, ideas and implementations that could ease the job of urban planners, architects and policy makers.

Intersecting information-communication technologies with data management, the term 'Smart City' could then define the intersection of digital and physical spaces.

The new uses of networks are quickly rendering obsolete the traditional methods of conceiving urban planning. Does a neighborhood still have sense in a time when we can have access to global and local neighborhoods provided by the net? How can this influence space design and management? At the same time, there still needs to be an exploration into the expression of information and communication technologies into architecture. This in turn will allow the space to engage with the data flow.

As Andrea Palladio said: "The beauty is the result from the beautiful shape and from the correspondence of the whole to the parts, of the parts amongst themselves, and of these again to the whole; so that the structures may appear an entire and complete body, wherein each member agrees with the other and all members are necessary for the accomplishment of the building". (Andrea Palladio, 4 books of Architecture).

If the tools of Palladio's architecture were the dome, the column and their interrelation, the planner/ designer now has to work with the physical elements of the building as well as with its interrelation with the digital world. Its new beauty will be the correspondence between these two different experiences.

A new discipline that will overstretch the urban planning and design disciplines to explore the digital world is therefore necessary, thus connecting the physical environment with the virtual space. Integration of disciplines is also vital and it will be more feasible within the next few years.

In regards to the massive technological changes that are happening, we should ask ourselves what could be the new directions for better urban environments.

The problems faced by cities should be addressed and solved by a new way of urban planning that considers the city as a semilattice of interrelation, further expanding on the previous theory explained by Christopher Alexander in his article titled "The city is not a tree". It should also use the info-technology not to only solve the problems, but to enhance the new possibility that such an approach can generate. The new opportunity is to link the planning discipline with a variety of individuals coming from different backgrounds, as well as a variety of disciplines that are able to interconnect and further expand the possibilities of city planning.

As for Palladio's use of the technology of that time, smart technologies should focus on the one method that enhances the beauty of creation: interrelation. It is not the simple implementation of these technologies that will make a city smarter but is the vision behind and how these tools are interrelated that could turn it successful.

As an example, in a city conceived as a central business core and a residential suburbia, smart city technologies would help to better manage the traffic but would not solve the root problem that force the people to use the car to move from home to work.

The risk is that instead of living in a smart environment in the future, we would be dominated by structures that will make us more vulnerable than before. On the other hand, city planners, urban activists and policy makers should consider the new possibilities that smart technology unlock in order to enhance their vision of a city built around the citizen.

The modern city as we know it is a recent concept that has less than 150 years of history. It is rooted in fundamental modern inventions of the last century such as the elevator, reinforced concrete for buildings, water management, electricity and mobility for cities. But what if the contemporary technological developments would be applied in a much more integrated way? The interwoven possibilities that data flow management, programming, the use and design of spaces and envelopes could generate needs to be investigated.

The challenge consists in defining the proper use of the new tools both in terms of physical and digital infrastructures, connecting it with the space and the current need of the society. New directions for planning should be based on user centered design approaches together with implementations that focus on future scenarios designed with collective intelligence.

In this perspective, data collection and management could be used not only to further enhance services and functions, but also in being the main source of information for newly planned activities or development. In this sense, with our definition of "intelligent urbanism", we want to propose a model for the city development in which the citizen becomes an active stakeholder of the urban space: each citizen becomes a part of a bigger environment and is able to actively contribute to this.

by
Momo Andrea Destro and Giannantonio Bongiorno

Momo Andrea Destro (Febrary 1979) is an Italian architect experienced in designing and managing complex projects combining sophisticate design with precise execution.

He graduated with maximum marks and special distinction with a thesis on new urban typologies for emerging countries at the University of Florence.

He co-founded MDDM STUDIO, a design oriented award winning young architectural firm working in China and Europe with different scales of projects.

Beside the practice of the studio he participates to forums and conferences organized by institutions such as the Chinese Ministry of housing and Urban-Rural Development or the Italian Embassy in China. He regularly lectures at universities or cultural institutions.

Giannantonio Bongiorno (1981) is an Italian architect active in US, Asia, Russia and Europe.

After his studies at universities in Germany and Italy, he graduated from Politecnico di Milano. In the past years he has been working for architectural firms including Office for Metropolitan Architecture (Rem Koolhaas) and MAD Architects as well as held teaching positions at Strelka Institute in Moscow and Politecnico di Milano in Italy. He is currently working on a number of large scale developments and promoting cultural projects in the field of urban planning bridging Us, Europe and China. His goal is to achieve a balance between cultural and pragmatic approaches in the architectural discipline.

跳脱常规，别有洞天

埃里克·欧文·摩斯（Eric Owen Moss）

世界可以呈现不同于现在的另一种样子。建筑也是如此。我们如何将两者合二为一？

将先进的技术与社会进步、政治进步紧密相连——著名建筑学家的梦想，比如摩西·金斯伯格（Moses Ginsberg）、弗雷德里克·基斯勒（Frederick Keisler）、里特维尔德（Gerrit Rietveld）、圣埃里亚（Antonio Sant'Elia）、查理·江耐瑞（Charles Jeaneret，后更名为勒·柯布西耶 Le Corbusier），以及亚历山大·维斯宁（Alexander Vesnin）。这是 100 年来建筑所希望实现的最大抱负。但是不存在必然的巧合。"何等野兽"也同样是一种未来。

那就是建筑。

保守的观点降低了建筑设计内容的丰富性，并限制了受众。让我们在建筑中加入音乐、文学、戏剧、电影、政治对话。

那就是建筑。

100 年来，现代建筑的前提正是摈弃传统，"日日新"。神奇的是，这个说法是从中国君主——商代成汤那借用而来，3700 年前这句话就铭刻在他的洗脸盆上。"日日新"的观点，100 年来推动着西方建筑的发展，实际上却来自中国。既不是新提出的，也不属于西方。

那就是建筑。

推陈出新的是形式，而不是追求新颖的愿景。新是持续不断的，不属于任何一种特定文化或政治，而是一种无止境的方法，不断地创新、创新、再创新。

这就是建筑永恒的赞歌。

中国为当代建筑曲折进程的语篇，提供了丰富的理念。历史上的形式语言和不确定的未来发生矛盾，今天的中国建筑向这种矛盾提出疑问。如何做到二者兼得？传统？非传统的传统？还是二者兼而有之？对此的回应，除了建筑，还是建筑。

有的时候，我们是信服的。
建筑就是答案。
但令人信服的感觉往往转瞬即逝。
建筑是一个问题。

这是提出问题的时间。

从当代建筑的使徒（比如格罗皮乌斯 Gropius、密斯 Mies），当代建筑的传教士（比如舍特 Sert、马耶卡瓦 Mayekawa），到当代建筑的信徒（比如贝聿铭、麦耶 Meier），再到当代建筑的教徒（比如斯特林 Stirling、矶崎新 Isozaki）……使徒们开宗明义，传教士传播发展，教徒们冥思苦想。

这是冥思苦想的时间。

现代建筑是一项事业，是一个百年戏剧的开始，是历史常规中一个充满可能性的缺口，是将新兴的技术实力与人类目的合并在一起、为"全新的人"打造的全新世界。这不是莱特兄弟的飞机。谁来当飞行员？

牢不可破的增量是什么？原子？德谟克里特斯？一个两千年的思索，和现代的回答——原子裂变的能量，一个智慧的奇观。
将概念性知识应用于制造炸弹不再是了不得的事情。

所谓"全新的人"，过去也不是、现在也不是奇迹的存在，只不过是绵延不断的人，掌握了新的工具而已。

这出戏剧是一种投机。想象着新事物，不在于应用知识。它重复了旧世界。

二十世纪的建筑是小偷和强盗。从对艺术和科学不断进行的调查中窃取了它的真实性。什么能够被理直气壮地称作是建筑所独有的？或是建筑如今只是百年来一场智慧偷盗的残羹冷炙吗？

皮诺（Gris）、布拉克（Braque）和毕加索（Picasso）在 20 世纪之初就改变了艺术，即所谓的立体主义。25 年后，立体主义的形状、空间、形式语言出现了在阿尔及尔市（Algiers）的城市规划中。
建筑是艺术吗？不是。

亨利·福特（Henry Ford）在十几岁的时候就建立了福特装配线：一种全新的装配和制造的方法。于是，建筑产生了一个新的学派，包豪斯建筑学派（the Bauhaus），他们宣称"那些人以那样的方式制造汽车；让我们以同样的方式建造房子"。
建筑是工业装配线吗？不是。

20 世纪中叶，生物科学在人体化学方面取得了惊人的发现：新陈代谢科学。所以建筑师又拐走了新陈代谢的命名，作为城市和建筑类型的参照。
建筑是新陈代谢吗？不是。

保罗·德曼（Paul de Man）在耶鲁大学对文学批评的话语进行改革。他称之为解构主义。建筑开始做展览，贴上了解构主义的标签，而且菲利普（Philip）告诉我们，解构是对角线。
建筑是解构主义吗？不是。

参数化软件重新定义了福特流水线的操作前提。当一个制造的部件被修改时，这种调整将刺激相关部件自动完善。至此，产生了对装配部件与装配整体的关系的全新解读。
体系结构是参数化的吗？不是。

现代建筑的发展，将建筑形式与建筑空间跟操作目的联系起来：一百年来人们称之为"功能"。形状是由用途决定的。但是卢浮宫是某人的家，而建筑学院是一个火车站。

今天的规则是，任何东西可以放置在任何地方。任何形状可容纳任何用途。法院可以放在医院里，医院可以放在邮局里。建筑只有单一用途的时代宣告终结。一切都可以公共使用，作为教育场地的建筑物，所有的建筑物。木工中心（The Carpenter Center）是一个例子，国家艺廊（The Stattsgalerie）也是一个例子。艺术存在于通往物理的路上。艺术存在于去公交车站的路上。公共建筑作为一个必要的城市和设计规划，让社会向社会传授社会所做的一切。

城市是一所学校。

历史从修昔底德（Thucydides）到塞缪尔·亨廷顿（Samuel Huntington），人类行为在时间上有显著的可预测性。被人们应用的科学、技术、工艺没有内在的优劣。而意义的好坏，在于那些拥有和应用这门科学的人，是好是坏。

建筑营造文化，重申文化，或者直接摒弃文化。文化是我们所意向的、所珍惜的和所表达的。至少有一瞬间，我们知道，我们不是，我们将会。我们将不会，我们留下一个故事。一种意向的记录，极限的记录。我们放进去的是什么，我们遗漏了什么。我们遗漏的东西要求下一位建筑师来告诉我们错失了什么。
她将会。

建筑不需要敌人。建筑作为自己的对手。经久不衰。这就是它移动的方式，或者不是。
梅尔维尔（Melville）问："谁不是奴隶？"
建筑。

建筑三论：佩内洛普（Penelope）、天上的洞、铁路车。

佩内洛普是奥德修斯的妻子。在等待丈夫归来的漫长时间里，她被一群恶毒的求婚者追求，佩内洛普为莱尔提斯的葬礼编织一块裹尸布。白天织它，晚上把它拆开。装配与拆卸，进步与倒退，进退，完成与未完成。

佩内洛普理论。

那就是建筑。

曾经，有一个演奏萨克斯管的、吸食大麻的人，住在一个叫伯克利的大学城的地下室里。当他演奏音乐的时候总是要吸食毒品，这种搭配拓展了他的艺术造诣，突破了他世界的极限。就像天空被刺破了，上面还另有一片天空。而那片天空被刺破后，还有另一个天空。循环往复，没有尽头。
天上的洞理论。
那就是建筑。

19 世纪增加了美的商数，提供了新生事物。一种我们不知道的物质性、一种我们不识的形式，不受约束的。我们必须将这一部分补充到已知的建筑词典中。既不为了意识形态，也不为了对技术过程的奉承，而是当代故事的一部分，一个丰富的可视的存储库。把它添加到曲目中。
铁道车之美理论。
那就是建筑。

谁是客户？也许是还没有出生的人。建筑在今天讲述了一个故事，让读者能够在明天与人分享。
看吴哥窟（Angkor Wat，位于柬埔寨），9 世纪的建造者们难道能够预期有一天树会从寺庙的屋顶生长出来吗？
那就是建筑。

什么是建筑？还是这个问题。每一个假设，每一套信念体系，每一种模式、系统、规则、方式、形式、省略、限制、选择……
试问，缺失了什么。

建筑赋予后代的，是一则信条、一套信念体系、一种忠诚、一个守护已经存在的事物的立场。
守护不会带来日日新，我亲爱的成汤帝。

未来的建筑将利用各种可能性之间的张力，而不是坚守对某种可能性的忠诚。它是美，它是真实的矛盾概念前景之间的竞争的表达。
建筑会使世界变得与众不同。

是和不是。

那就是建筑。

埃里克·欧文·摩斯（Eric Owen Moss）

2017 年 11 月

洛杉矶

作者：

埃里克·欧文·摩斯（Eric Owen Moss）出生并成长于加利福尼亚州的洛杉矶。1965 年在美国加州大学洛杉矶分校获得学士学位后继续深造，于 1968 年获得加州大学伯克利分校环境设计学院建筑硕士学位。1972 年从哈佛大学研究生院获得第二个建筑硕士学位。在过去的 37 年间，埃里克·欧文·摩斯建筑事务所已建造过一系列获奖建筑，并推动了国际建筑对话的成形。这一讨论持续推动创新型结构、演讲、展览、出版和教育的开展。近期，摩斯已在迪拜、贝尔格莱德、维也纳、伦敦、北京和巴黎等地进行过演讲；意大利、中国、塞尔维亚和印度的国际性项目正在进行。EOMA 已获得 100 余个本地、国家及国际奖项。摩斯本人于 1999 年荣获美国艺术与文学学院颁发的学院奖；2001 年获得美国建筑师协会洛杉矶分会（AIA/LA）金质奖章，用以表彰其诸多杰出的建筑作品及其取得的巨大成就。摩斯是美国建筑师协会会员，并且是 2003 年加州大学伯克利分校"杰出校友奖"获得者。2007 年，他获得阿诺德 W. 布鲁诺纪念奖（简称布鲁诺纪念奖），是对其辉煌的建筑设计生涯的巨大认可。

埃里克·欧文·摩斯曾在多所世界知名学府任教，如哈佛大学、耶鲁大学、哥伦比亚大学、维也纳应用艺术大学以及哥本哈根皇家学院。他是南加州大学建筑学院的长期教授，从 2003 年开始担任校长一职，并获得 2006 年 AIA/LA 年度教育家称号。2010 年，奥地利文化部长克劳蒂亚·施密德委派埃里克·欧文·摩斯为威尼斯双年展奥地利馆专员——这是奥地利首次由外籍建筑师负责国家馆。事务所出版了《埃里克·欧文·摩斯建造手册》一书。全书共 1562 页，将摩斯在过去 20 年间负责的 40 个项目编入其中，并进行了专题介绍。对于每个项目设计和施工过程的描写都极尽详细，包括前期草图、物理模型、工程图、材料实验、实物模型和施工照。本书由美国亚洲艺术与设计协作联盟（AADCU）在中国出版。埃里克·欧文·摩斯与 2011 年获得"詹克斯奖"。该奖项每年颁发一次，由英国皇家建筑师协会 (RIBA) 组织，用以表彰在建筑理论和实践方面都做出突出贡献的建筑师。2011 年 6 月在伦敦举行了颁奖礼和公开演讲。

"Outside the box" there's another box.

EOM

The world can be other than it is. So can architecture. Can we put the two together?

Advancing technique correlates with social and political progress — the dream of Moses Ginsberg, Frederick Keisler, Gerrit Rietveld Antonio Sant'Elia, Charles Jeaneret, and Alexander Vesnin. The aspiration of architecture for 100 years. But there is no inevitable coincidence. "What rough beast" is equally a prospect.
That's architecture.

The conventional voices reduce the content and narrow the audience. Let's engage the music, the literary, the drama , the film, the political discourse.
That's architecture.

For 100 years, the premise for modern architecture — dismiss history and 'Make it New'. The irony: the phrase is borrowed from the Chinese Emperor Ch'eng T'ang of the Shang Dynasty, who wrote it on his wash basin 3,700 years ago. The 'Make it New' impetus, driving the West for 100 years, belongs to China. Neither new, nor Western.
That's architecture.

New as form isn't new as aspiration. New is enduring. Not the property of any particular cultural or political venue. A means without end. Again and again and again.

Architecture's perpetual song.

China is the perfect conceptual venue for a discourse on the meanderings of contemporary architecture. Architecture in China today interrogates the contradiction between the form language of an historic past and an indeterminate future. How to accommodate both? Tradition? Tradition of non-tradition? Both? Response? Building by building.

There are times when we're convinced.
Architecture is an answer.
But what appears convincing one moment is often lost in the next.
Architecture is a question.

This is a day to question.

From the apostles of contemporary architecture [perhaps Gropius and Mies] to the missionaries of contemporary architecture [perhaps Sert or Mayekawa] to the believers in contemporary architecture [perhaps Pei or Meier] to the Gnostics [perhaps Stirling or Isozaki]....... The Apostles assert. The missionaries spread the word. The Gnostics wonder.

This is the day to wonder.

Modern architecture was a cause, the opening of a 100 year drama. A possible gap in history's routine. A new world for a 'new man' who conflated that burgeoning technical prowess with human ends. It's not the Wright Brothers' plane. Who's the pilot?

What's the indissoluble increment? The atom? Democritus? A two thousand year speculation, and the modern response — the capacity to split the atom An intellectual marvel.
To apply that conceptual knowledge to the making of bombs is marvel no longer.

The new man wasn't/isn't.
Rather an enduring man with new tools.

The drama is in the speculation. Imagining the new. Not the application. It reiterated the old.

Twentieth century architecture is a thief and a bandit. Stole its credence from progressive investigations in the arts and sciences. What can architecture enunciate that it uniquely owns? Or is architecture now only the residual consequences of 100 years of intellectual banditry?

Gris, Braque, Picasso, at the beginning of the 20th century, change art. It's called Cubism. 25 years later the shape, space, form language of Cubism appears in the plan for the city of Algiers.
Is architecture art? It's not.

Henry Ford institutes the Ford assembly line in the early teens. A new way to fabricate, to manufacture. Architecture makes a new school, the Bauhaus, which announces 'they make cars that way; Let's make houses that way'.
Is architecture an industrial assembly line? It's not.

The biological sciences at mid-century make startling discoveries in human body chemistry. The science of Metabolism. So the architects abscond with the nomenclature of Metabolism, extrapolate from same with reference to city and building typology.
Is architecture Metabolism? It's not.

Paul de Man changes the discourse on literary criticism at Yale. He calls it Deconstruction. Architecture makes an exhibition.. Labels it Deconstruction, and Philip tells us Deconstruction is about diagonal lines.
Is architecture Deconstruction? It's not.

Parametric software reconstitutes the operational premise of the Ford assembly line. As one manufactured component is modified, that adjustment stimulates a response and the related parts automatically

compensate. A new understanding of the relationship of fabricated parts to the fabricated whole.
Is architecture parametric? It's not.

The moderns' effort to associate building form and space with operational purpose: Function they called it for 100 years. Shape defined by use. But the Louvre was someone's house. The school of architecture was a train station.

The rule today: anything housed anywhere. Any shape accommodates any use. Put the courthouse in a hospital in a post office. The end to single purpose building. Bring in the public. Buildings as educational venues. All buildings. The Carpenter Center as example. The Stattsgalerie as example. Art on the way to Physics. Art on the way to the bus stop. Public building access as a required city and design planning so the society teaches the society what the society does.

The city is a school.

History: Thucydides to Samuel Huntington. Remarkable predictability of human behavior across time. Applied science, technology, technique have no intrinsic plus or minus. Rather meanings, good and bad, belong to those who own and apply that science, good and bad.

Architecture builds the culture, reaffirms the culture, disembowels the culture. Culture is what we intend, what we value, what we mean. For a moment. We know. We don't. We will. We won't. We leave a story. A record of intent. A record of limits. What we put in. What we left out. And what we left out demands that the next architect to tell us what we missed.
She will.

Architecture doesn't need an enemy. Architecture as its own adversary. In perpetuity. That's how it moves. Or doesn't.
Melville: "Who's not a slave?"
Architecture.

Three theories to make architecture:

Penelope

Hole in the Sky

Railroad Car

Penelope is Odysseus wife. Long awaiting the return of her husband, pursued by a group of malevolent suitors, Penelope knits a shroud for Laertes' funeral. Knits it during the day. Takes it apart at night. Assembly and disassembly. Progress and regress. Advance and retreat. Finish and unfinished.
The Penelope Theory.
That's architecture.

There once was a saxophone playing, marijuana smoker who lived in a basement in a college town called Berkeley. As he played his music and used his drugs the admixture extended his range, exceeded what once appeared to be the limits of his world. The sky was punctured. And there was another sky above. And that was punctured and there was yet another sky beyond that. And on and on. No limits where limits had been.
The Hole in the Sky Theory.
That's architecture.

The 19th century added to the beauty quotient. Offered something nascent. A materiality we didn't know. A form we didn't recognize. Unfettered. We have to add that component to architecture's lexicon. Not as ideology. Not as adulation for the technical process that produced it. But a piece of the contemporary story. A rich visual repository. Add it to the repertoire.
The beauty of the Railroad Car Theory.
That's architecture.

Who's the client? Perhaps people who aren't born yet. Architecture tells a story today for readers to share tomorrow.

Look at Angkor Wat. Did the 9th century builders anticipate a day when trees would grow out of the rooves of the Temple?

That's architecture.

What's a building? Continue to ask. Every hypothesis, every belief system, every pattern, system, rule, method, pro forma omits, limits, chooses.......

Ask what was missed.

Architecture gives its young a credo. A belief system. An allegiance. To what's already there. A position to defend.

Defense won't make it new, my dear Emperor C'hang.

The next architecture exploits the tension between possibilities rather than insisting on an allegiance to anyone. It's beauty, it's truth is the expression of the rivalry between those contradictory conceptual prospects.

Architecture will make the world can be other than it is.

Yes and No.

That's architecture.

Eric Owen Moss

November 2017

Los Angeles

Eric Owen Moss was born and raised in Los Angeles, California. He received a Bachelor of Arts from the University of California at Los Angeles. He holds Masters Degrees in Architecture from both the University of California at Berkeley, College of Environmental Design and Harvard University's Graduate School of Design.

Eric Owen Moss Architects was founded in 1973. The o ce, located in Culver City, is sta ed with 25 professionals designing and constructing projects in the United States and around the world. The rm has garnered over 120 local, national, and international design awards.

Moss was honored with the Academy Award in Architecture from the American Academy of Arts and Letters in 1999. He received the AIA/LA Gold Medal in 2001, and was a recipient of the Distinguished Alumni Award from the University of California, Berkeley in 2003. In 2007, he received the Arnold W. Brunner Memorial Prize, recognizing a distinguished history of architectural design. In 2011 he was awarded the Jencks.

Award by the Royal Institute of British Architects (RIBA). In 2014 Moss was featured as a "Game Changer" in Metropolis Magazine, inducted into the National Academy, and received a PA Award for a master plan to revitalize an abandoned rail yard in Albuquerque, New Mexico. In 2015 the Pterodactyl was awarded with a Westside Urban Forum Design Award and local, state, and national AIA design awards. In 2016 Moss received the Austrian Decoration of Honor for Science and Art from the Austrian Federal President during a ceremony on Hofburg Palace. He recently received the Beidou Master Award in Ordos, China.

There are 19 published monographs on the o ce, including Buildings and Projects 1-3 by Rizzoli and Gnostic Architecture by Monacelli Press; Eric Owen Moss - The Uncertainty of Doing, published by Skira; Eric Owen Moss - Provisional Paradigms, by Marsilio; Eric Owen Moss - Construction Manual, published by AADCU; Eric Owen Moss, l Maestri dell'Architettura, Hachette; and Coughing up the Moon by AADCU. Two new monographs were published in 2016, including a fourth Rizzoli monograph titled The New City – I'll See It When I Believe It, and Eric Owen Moss Architects/3585 by Applied Research + Design Publishing. Images Publishing Group recently released a monograph on the o ce as part of their Leading Architect series.

The work of the rm has been exhibited widely and featured regularly at the Venice Biennale. Exhibits have included the controversial proposal for the New Mariinsky at the Russian Pavilion in 2002, and the international competition entries for the National Library in Mexico City and the Smithsonian Institute in 2004. In 2006, the rm exhibited the Los Angeles/Culver City project in the Cities, Architecture, and Society section. In 2010, Moss became the rst foreign architect invited to curate a national pavilion at the Venice Architecture Biennale.

Eric Owen Moss has held teaching positions at major universities around the world including Harvard, Yale, Columbia, University of Applied Arts in Vienna, and the Royal Academy in Copenhagen. Moss has been a longtime professor at the Southern California Institute of Architecture (SCI-Arc), and served as its director from 2002-2015. He received the AIA|LA Educator of the Year in 2006, and the Most Admired Educator Award from the Design Futures Council in 2013.

目录

中国设计创想论坛

创基金"创想"系列活动之一，是面向全国设计界开放的纯公益学术活动，旨在打造成为中国最具专业学术深度与广泛影响的年度设计交流公益平台。创想论坛互动，设计精英交锋，告别空洞术语，直击现实本身；广纳百家、求同存异，思想盛会，头脑风暴呼啸过境。

第一部分

中国设计创想论坛文集

2015

主题：

上善若水

2015 年 7 月 18 日，中国设计行业首个自发性公益机构——创基金在杭州举办"2015 中国设计创想论坛"，邀请海内外设计界、设计院校、行业组织、相关产业及权威媒体代表，以"上善若水"为总主题，深入探讨、坦诚交流，共同展望"设计的未来"，为中国室内设计行业的进一步发展带来诸多启发与思考。百位业界精英齐聚，以公益汇聚行业力量，创想设计美好未来。

上 | 善 | 若 | 水
CHINA DESIGN FORUM
2015 中國設計創想論壇
C FOUNDATION

主题阐述：

水至柔至刚、能容能大，遍与诸

生而无为，盈不求概，淖约微达

—— 设计之道几近于此。寻世间

至善至美，求万物自始至终。

『上善若水』是创基金七月的礼

物，与善仁、言善信，汇点滴无

私以聚设计之大公。

十圆桌 十议题

关乎中国设计现状与

未来的热点问题

01 互联网 + 设计

姜　峰　创基金理事　2015 年度创基金执行理事长
范　凌　加州大学伯克利分校讲师 特赞 Tezign 创始人
张　靖　设计联创始人
陆　晏　建 E 室内设计师网创始人
吕邵苍　吕邵苍酒店设计事务所总设计师
肖　平　深圳广田装饰集团股份有限公司副总裁
桑　林　上上空间设计 SSD 有限公司设计总监
阮　昊　杭州零壹城市建筑事务所创始人
胡小梅　中国室内装饰协会设计委副秘书长
王　旭　SMART 度假地产专委会秘书长

02 设计教育现状与未来

琚　宾　创基金理事
杭　间　中国美术学院副院长
潘召南　四川美术学院设计艺术学院副院长
张　月　清华大学美术学院环境艺术系主任
彭　军　天津美术学院环境与建筑艺术学院院长
吕品晶　中央美术学院建筑学院院长
孙黎明　上瑞元筑设计顾问有限公司创始合伙人、设计总监
高超一　苏州金螳螂设计研究院设计总监
童　岚　朗道文化董事总经理
石　赟　金螳螂建筑装饰股份有限公司总院副总设计师

03 产业发展与设计关系

邱德光　创基金理事
张宏毅　广州国际设计周执行总监 金堂奖组织机构负责人
林莺华　居然之家顶层设计中心总经理
朱家桂　红星美凯龙副董事长助理

佘学彬　大自然家居（中国）有限公司董事长
吴晨曦　TATA 木门董事长
吴　为　深圳雅兰家居用品有限公司总经理
陈勤显　广东新中源陶瓷有限公司总经理
康家祥　上海欣旺壁纸有限公司董事总经理
王维扬　图森木业有限公司执行董事、总裁

04　再生与可持续

孙建华　创基金理事
朱柏仰　台湾暄品设计工程顾问有限公司专案主持
余　平　西安电子科技大学工业设计系副教授
陈　斌　厦门大学文化创意产业研究中心执行主任　福建源古历史博物馆馆长
刘　伟　苏州大学建筑学院环境艺术研究所所长
庞　喜　苏州喜舍创始人
陈　彬　武汉理工大学副教授　后象设计师事务所合伙人
张　灿　四川创视达 CSD 建筑装饰设计有限公司创作总监
郑扬辉　福州宽北装饰设计有限公司首席设计师
梁　军　北京土成木寸执行统筹

05　打造设计品牌

梁志天　创基金理事
李　鹰　Studio HBA 赫室总监
卢志荣　DIMENSIONE CHI WING LO 及 1ness "一方" 品牌创始人
欧镇江　中国香港（地区）商会 – 杭州会长
吴　滨　无间设计设计总监
孟　也　孟也国际空间创意设计事务所设计总监
王胜杰　新加坡诺特设计集团董事长
陈志毅　香港室内设计协会会长 CREAM 设计公司创始人、设计总监
瞿广慈　稀奇品牌创始人
曾建龙　GID 国际设计机构创始人、董事

王　铁　中央美术学院建筑设计研究院院长
来增祥　同济大学建筑城规学院教授
王明川　台湾室内设计专技协会原理事长
王　琼　金螳螂设计研究院院长
李　宁　江苏省建筑设计研究院有限公司名誉董事长、设计总监
沙士·卡安 Shashi Caan　国际室内建筑师 / 设计师联盟（IFI）前主席
Sebastiano Raneri　国际室内建筑师 / 设计师联盟（IFI）2015-2017 年度主席

09　室内设计职业价值观

梁景华　创基金理事
萧爱彬　上海萧氏设计装饰有限公司董事长
凌子达　达观建筑室内设计事务所创始人
满　登　上海满登空间设计事务所创始人
王心宴　蒙泰室内设计咨询上海有限公司总裁
郑仕樑　IVAN C.DESIGN LIMITED 总经理兼设计总监
何宗宪　PAL 设计事务所有限公司设计董事
倪　阳　深圳市极尚建筑装饰工程设计有限公司董事长
陈　林　山水组合创始人、设计总监
袁晓云　J&A 姜峰酒店设计有限公司总经理

10　设计与传媒

陈耀光　创基金理事
赵　虎　LUXE 莱斯中文版出品人
韩晓岚　美国室内中文版执行主编
饶江宏　搜狐焦点家居全国总编辑
胡艳力　网易家居全国总编辑
孔新民　id+c 室内设计与装修副主编
林　松　现代装饰杂志社副社长兼总经理
夏金婷　AD 安邸特约编辑
孙信喜　ELLE DECORATION 家居廊编辑总监
王兆明　中国建筑学会室内设计分会（CIID）副会长

2015 十圆桌观点阐述、讨论及总结

互联网 ＋ 设计

01

互联网 ＋ 设计

创基金理事：姜峰
圆桌主席：范凌
出席嘉宾：张靖、陆晏、吕邵苍、肖平、桑林、阮昊、
胡小梅、王旭

引言：

2015 年，"互联网+"首次进入李克强总理的政府工作报告，成为两会热词。这意味着"互联网+"正式被纳入顶层设计，成为国家经济社会发展的重要战略。互联网正在跟各种产业融合：制造、金融、交通、医疗、教育、媒体……但设计行业是一个传统服务业，到目前为止与互联网还没有形成很好的结合。未来，在万物互联的时代，设计是众多被互联网化的行业之一吗？还是通过设计为科技引入人文性的关注和模式上的创新？这个世界上人与人的互动，人与机器的互动，人与环境的互动需要被"设计得更好"，同时，设计也需要互联网的支持和迭代。产品、服务、空间、流程、系统、商业、制度……与其说这是设计的无限机遇，不如说这是一次对上一版本的设计行业的颠覆。

观点总结：

1. 霍金的《大设计》，提出了整个宇宙都是被设计的观点视角，未来的设计行业将回归本源。
2. 设计对人的关注突显，用户视角将作为设计基点。新的广义设计出现，设计师将参与产品的全程构架，这成为未来设计师的机遇。
3. 高科技促就颠覆观念的用户产品出现让手工业更显珍贵，互联网+科技的趋势让未来的设计从业者有机会和条件作为更加纯粹的设计师存在。

范凌

如果"互联网+"模式提供的是用互联网的方式挑战行业原有的固有规则的机会，那"+互联网"模式，隐现的就是设计在未来各行业领域的互联网语境下的重要作用。设计师正逐渐介入到科技等各个新兴行业，并为其带来附加价值，参与到万亿市场之中。

原本专业性的辅助设计环节已呈现出直接面对 C 端的大趋势。未来的设计如众包设计、协同设计会因为运用工具的普及，使设计建立在专业工具性操作的价值大幅降低。

设计市场还没遭遇重创，很大程度上得益于还排在万亿美元级市场行业之后，暂无触及。但其他行业已呈现的人工智能的趋势，也提醒设计从业者关注如何利用互联网让设计产能增长。这将产生某种程度上的垄断，谁先掌握，谁就会发展。互联网带来的行为方式变化可以让曾经庞大的行业瞬间瓦解消失。

颠覆行业的永远是行业之外的行为效应。"酷家乐"已经在用实时渲染和大数据作为核心技术，建模、匹配、辅助设计、物料下单，一旦与电商平台捆绑，所有现存的中间行业链环节都会消失。互联网＋大数据背后的行为趋势，为所有可能消失或出现的环节链提供了无限大的想象空间。

姜峰

当下社会，生活已经跟互联网密不可分，但年长者对互联网的认识还不够深入，设计行业已经落后了。我认为当下的我们正在被颠覆，只是不自知地处在地震前的那个平静的片断。即将到来的巨大变化会让从业者猝不及防，犹如 Uber 让出租车司机毫无征兆地丢失了大半市场一样。

互联网大潮首先冲击标准化领域，比如金融、物流。设计行业有一定的非标准成分和较强的专业性，相对分散。互联网的本质是去中心化，目前因为信息不对称，设计公司能做到 30%～40% 的毛利率，但未来不会。未来设计是小而美的精英组合和航空母舰级的平台企业。可能今天的数据等都将是未来产生协同对话的重要工具。这是真正互联网对设计的改变，也是设计企业未来的状态。未来设计师的设计将不是只针对一个客户，将是一个设计被无数用户选择，于是边际成本可以低到几乎为零。互联网让这个世界透明，未来的设计行业将是巨型企业和小型机构的构架。

中型设计公司在未来可能不存在了，主要存在两种类型的公司：一种是超大型的设计公司，属于航空母舰级的平台企业；一种是小而美的事务所，几个人的。所以 30%~40% 的毛利率都会降下来，这才是真正设计企业在未来三年、五年乃至十年以后的现状，这是因为互联网改变了设计。就像 Uber 那样，为什么 Uber 的费用那么低？是因为司机在做我这一单的同时还做了别的单，到了终点以后还会接别的活，不会跑空车。设计师也是一样，互联网的本质是去中心化，我认为未来很多设计师的设计不是只针对一个客户，可能是一份图纸会卖给多个客户，但不是 100% 一样的。这是因为互联网的作用，降低边际成本，并且在保证服务质量的前提下提高了服务效率。互联网会正在改变设计行业，打破现有的格局。

阮昊

只有做最核心工作的公司未来才能生存，未来的设计将成为小而美的大平台。设计师的工作将前移，行业会变成类似航空母舰式的平台，设计师是小而美的战斗机，这是互联网带给设计师的发展趋势，辅助设计工作将由智能科技完成。

未来也是个众筹时代。创意将源自普通大众，但实现仍需设计协助完成，设计将变成创意成型的通道存在运营。设计介入的也不再单纯是甲方乙方的关系。设计也在通过设计方式进行投资，作为合伙人参与带有互联网基因的初创企业，包括创业公司、教育类孵化器、众创空间、互联网＋酒店等垂直介入。产品迭代，让设计的价值得到放大。

未来的设计起点应该是从用户本身最本真的人性出发，创造需求，所有设计方法都由客户的最基本需求产生。互联网式的用户体验让设计逻辑出发点更趋一致，设计将与各个行业贯通对接。从源头改善设计，多做探索，要进入未来做设计，就要理解互联网思维和逻辑下的深层逻辑，且无法绕过。

陆晏

未来的设计首先要建立用户思维。设计师的对象是客户，互联网的对象是用户，范围更大，但用户不一定是客户。怎样找出用户流量入口，把用户变客户？用什么商业模式把流量变成价值？这是当下设计师需要学习的。做产品让用户使用，变成商业模式，实现商业价值就是互联网价值的体现。这其中包括产品、商业模式、格局以及资本程度。

设计最终要做的是创意。设计行业互联网化可以相互借力得到更多优选支持，互联网也能让设计回归设计的本质，这将是互联网对设计最大的贡献。未来个体的自我学习和成长可能将现行的组织行业模式全部颠覆，个体设计师会变得更自由。低端淘汰和设计知识产权的赋予会迅速成型。设计也以多维度方式存在：创意、制度、品牌、产品，并与互联网进行交互作用。设计师面对未知要做的一定是回到设计本身，永远不能替代的存在就是最核心价值。

肖平

设计终究靠的是人的智慧，加具体的工作来实现。设计核心的价值是创意，创意的思想性无法替代。互联网只是桥梁，能提供更丰富的可能性。当下的设计师应该拥抱它，了解探索它的功效，辅助营销模式的扩展。借助互联网的力量转换身份，通过互联网的手段去达成设计的目的。互联网推动了今天设计师的本质工作以及行业在原有基础上迭代升级，这对行业是个新的机遇。

设计的未来是把工程当产品做，这在目前德国和日本应该是适应的。我不完全同意按客户需求做设计的思路，在客户专业基础与审美质素普遍不达标的现实里，线下 C 端实现的成功率有待衡量。未来很大程度上依然需要专业人士注入行业标准，而行业执行的标准化和系统化背后就需要工业化的支撑。在普遍审美差距过大的背景下推行行业标准化，来协调对品质的追求和工业化的支撑，也不失为设计发展方向的新思路。

套用上市公司的思维，设计要有前途，要尽量减少直接设计师，中间段的设计工程要当产品做，而非过多照顾 C 端需求，C 端的需求最终要靠设计师的专业知识去叠加整合。

互联网仍是有待开发的领域，设计师在互联网变革当中以什么身份出现是关键。设计、互联网、工具、人、资本，最终要达成的目的是什么？终极目的要解决什么问题才是核心的价值。

王旭

互联网时代设计师如果不用互联网的方式思考，终将被替代。互联网带来的大量分析数据和客户需求数据能协助更高效地做设计。APP 多通过迭代成为好用的产品，设计是否也能这样做？数据能让设计师有机会关注到最具价值的不可见的部分。

以往设计指的是关注产品外在形式的狭义设计，未来将被广义设计覆盖。它包括：用户的使用方式、运营方法、投融资、新产品研发、资源运转等。广义设计需要设计师有更广阔的跨界、跨领域的思维能力、协调能力，担当的是整个产品母体系统的架构师角色。未来的设计做的是整体产品或产品世界的游戏规则设定，包括其内在运行的观念和审美。而目前设计师只做的是其中一部分工作，在跟多种信息关联，快速数据筛选分析的协同设计过程中，将需要新型设计师参与，这很可能是未来产品体系里最重要的构成。

人工智能的趋势越来越清晰，会迅速带来各个领域的冲击。我更愿将 SMART 看成广义设计平台，如果设计师在新时代转型和迭代的方向正确，将有机会成为信息时代的核心和主导。由此我也在关注非设计行业能否成为迭代公司合伙人的议题，这或许是从根本上改变设计公司基因的新方向。

我反对设计师的标签化。最终颠覆行业的人的初衷大多只是专注于快速达成某个清晰的目标。当目标清晰了，想获得金融支持和互联网支持其实都非常简单。行业冲击只是在完成目标的时候形成了这样的结果。我支持更多的跨界协作，破除行业边界，要建立足够大的格局和容量，将目光放在做出了哪些新东西上。

吕邵苍

基于用户思维角度出发，全新塑造工作模式方法的思维体系和组织方法，才是设计行业的"互联网＋"。主动调研创造推出需求设计的模式将颠覆当下设计被动等待的服务模式，这是当下设计师需要面向互联网时代的思维转型。

今天的设计师一定要对互联网思维有认知，未来互联网一定会颠覆原有设计公司的组织模型，乃至设计业务来源，设计配置情况等。行业市场整体下行的背景下，很可能未来的普通意义层面的设计将最终被日常化融合稀释得不见痕迹，只有顶级的设计师和顶级的创意能被冠以项目设计的名义。有研发产品体系能力和产品品牌管理的设计师才能生存。今天的众多项目设计师或许将转型成面向 C 端的用户设计师。在空间极少的状况下，设计目光必将转向做生活本身的需求迭代设计。

互联网与蒸汽机不同，互联网不是简单的工具，它更是一种思维，颠覆了信息传递，颠覆了人与人沟通分享交流的途径和体验。未来是用互联网思维打造产品，而不是工具。一定是关注用户之后才能做出符合用户的美学产品，这才是好设计。

设计如何对客户进行调查研究，如何解读用户需求是一种能力，是一种思维。直接面向 C 端，是设计师唯一的出路，从 B 到 C 形成一个闭环，用互联网对接资本。设计师要修炼自己的内心不被外界左右，以创意和设计为核心建立价值体系，以用户数据做支撑。

张靖

在互联网的大趋势下，能做的东西是什么？我想还是会回归到人的本身，回归到产品，回归到产品的本质。设计师需要用好互联网，但更需要用匠心的思维精心打造自己的产品。

设计师的存在不会被替代，但今天的很多设计师会被淘汰。现在做得好的中国产品企业都在踏踏实实做产品，用互联网打造产品。其核心是做好产品、做好服务。

设计企业是一回事，设计和设计师又是另一回事。所有做互联网的人都想把行业系统做到最大，但未来一定是碎片化的精分趋势，存在方式都需要充满创意。未来设计是设计本身，会稀缺化、个性化、差异化，未来设计带给产品的可能会是 300% 的价值毛利。

桑林

我们现在跟传统设计最大的区别，是植入功能的改变。但是它们之间真正的关系，实际还是冷兵器、热兵器的关系，互联网现在对设计操作本身，包括制图冲击不明显，但在概念上已经带来振动。我们公司现在做设计会改变思路，不断进行互联网调研，将设计进行市场评估，也在利用互联网做产品性投资。其实互联网的冲击和影响已经很大了，我们对一些互联网关键词、设计与设计人的商业性的投资、受众群体之间的关系、行业的可持续性发展以及对个体设计师的影响更为关注。

互联网的冲击对传统行业是设计方法的影响，对设计是身份的影响，到底你以什么样的身份出现。我认为互联网的思路是工具，设计不是转型，而是延伸，通过开发产品让设计换一种形式延展。互联网对人类现代文明是一个帮助。

设计教育现状与未来 02

设计教育现状与未来

创基金理事：琚宾
圆桌主席：杭间
出席嘉宾：潘召南、张月、彭军、吕品晶、孙黎明、
高超一、童岚、石赟

引言：

相对产业的发展，以及社会对设计人才的需求，设计教育显得滞后和"老派"。几年前的经济危机，促进了西方与经济和管理相关学科的变革，也直接引发了与设计有关的创客等新型职业的诞生。"设计学院"被重新定义，充满张力的社会学批判和越来越多的与商业联姻课程进入设计学院，而网络技术更深刻地改变了"教育"的方式。因此可以说，教育关系到中国设计的未来，讨论并反思设计教育，对今天的设计界，意义重大。

观点总结：

1. 澄清什么是应有的"设计教育"。

2. 要积极改变设计教育中的生源和人才培养的缺陷。廓清设计教育的培养层次，明确高等设计教育的使命。

3. 要改变设计教育的趋同和求异，作为一种广泛服务于社会的学科，处理好知识和经验之间的关系，注重思维和系统性是超越体制的改进所在。

4. 充分借鉴国外设计学院经验，结合当代科技对社会生活的影响，重新整合设计知识，改进设计教育体系，着力营造一个未来设计需要的新的人才培养环境。

5. 面对中国设计教育所存在的问题，大家提出了许多建设性的建议。大家一致认为，设计教育不仅仅是设计教育的本身，而是涉及许多复杂的社会因素，因此需要求同存异，追求多元和特色，不要追求绝对真理。

杭间

中国的设计教育有很多的问题，但是绝大多数设计师都是高校培养的，进入社会以后变成设计师，所以高校教育会直接影响到中国设计的 30 年、50 年甚至更长的状态。

中国的设计教育 10 年内不会有太大的转变，因为目前有几个问题。第一是生源问题。现在选择专业是以职业和谋生来进行的，因此是在相对被动地学习。这个问题首先是社会环境造成的，也是招生制度造成的，就连高考复习班都能成为一个巨大的产业链，在这样的情况下，应试教育依然极大制约着设计教育的发展。第二是教育本身的问题。相对比来说，国外设计教育已经较以往有了翻天覆地的不同，而他们设计教育的最大的动力便是当代科技。而中国的老师讲得最多的是行业经验，行业经验仅是教育的一部分。如果我们不抓紧当代世界的潮流，不融入全世界及当代生活方式，那么中国的设计教育是没有提升空间的。我观察到的是，中国的设计教育在 10 年或者更久的时间里，走了一条不一样的路，我曾经用了"自觉物独"这个词来形容。我们的教学体制中有很多关于装饰的内容，装饰对中国人的生活是有好处的，但很难带动中国的设计走在世界的前端。与真正透过师资提升高等教育的质量相较，今天高等教育的巨大产业化，却让高等教育的提升更难。第三就是社会的应用。今天的创客以及创业板上市，给设计师提供了更多可能性。如果我们设计学院的学生毕业后都等着设计公司来应召而不是自主创业，那么中国的设计也无法有长远的提升。设计学院的学生需要综合性、系统性解决设计中出现的问题，还需要在社会中不断进行积累。大师从来不仅仅是高校培养的，大师是社会性的积累。

张月

我认为要先明白什么是设计教育。从事设计工作的人有多少是设计专业的？设计教育最重要的是两件事：一个是发现，要把真正有潜质的人发掘出来；第二是激发，在大学四年的学习中激发学生的潜质。只有自身潜质被激发了，才能主动对设计产生兴趣。设计教育可以多元化，需要找到一个最佳的方式。

石赟

现在学生知识只是按照老师教的去做，只是表面的东西、符号化的，没有内在的东西。设计其实是很依赖于经验和天赋的工作，我们在做设计项目的时候需要在很短的时间内针对特定的时间、环境和特定的人来判断设计的方向，需要依赖于大量的实践经验和人生经历。每个人的实践经验和人生经历的不同会对事物的结果产生不同影响，这可能就是设计好玩、奇妙的地方，因为你的经验不同、经历不同，会对事物的判断不同，会产生不同丰富多彩的结果。

我在考虑设计教育是否可以将这些经验形成一定的规律和模式，让学生快速地进入设计师角色，但这样的方法会不会失去乐趣，对事和物的本源思考会不会也类似中小学标准化教育一样让人的天性、情感和创造力丧失。今年有一个女同学的一个作品，做得非常轻松、非常自如，完全出于自己的情感。

在学校里，可能教学的模式化或者考核的方式影响了学生的思考方式，我认为学校的教育要让学生看到更多、掌握更多，认识到有很多方法可以改变世界和生活。

彭军

我认为现在中国的设计教育趋同化或同质化非常严重。一个是体制问题，艺术类院校文化课招生分数偏低；其次是设计学科的老师、教育者，知识结构和来源相对同质化；另外由于教学管理、教学模式趋同化，中国学生的人文知识不够，这也是和国外设计学教育最大的区别。

我认为个性化的教学非常重要，如南加州学院，做的是数字研究，建筑非常有形式感且现代化，运用了新的技术，如玻璃窗顶可以接收太阳能。中国和外国在教学上的区别就是中国的老师将专业作为技能去教给学生，学生学习比较被动，而国外是作为知识传授给学生，让学生学习起来很有兴趣。

我对未来的教育既乐观又悲观，如果趋同是指的现状，那么求异就是未来，现在我觉得学生考学，学校的管理过于功利化。对于未来的教育，我认为首先教师的构成必须要多元化，包括构成、学识、来源、理念方面，否则还是通识化的教育。第二，培养体系必须要个性化，这样才可能培养出个性化的人才。第三，求异，我觉得对于高校人才培养应该是创造性的培养。第四，重视专业基础，不能脱离专业基础。第五，应该培养有理想、引领未来设计的发展型人才。

高超一

在本科教育阶段我们应该培养设计师的能力。一个是观察、思考分析能力。观察能力就是要有很好的感觉力，"包豪斯"这一点做得非常好，在课堂上会让学生体验坐的凳子、桌子，周围的环境，甚至是空气的感觉、阳光的感觉等，会培养对环境的热爱，培养观察的角度。

我们大家讨论都在围绕一个问题，设计教育的目的是什么？到底要培养什么样的人才？我们应该避免两个极端的情况。第一是本科教育不能以技能为主要目标。第二是不能将大师作为教育的模板，而是要培养对设计的兴趣，培训学生的全面综合素质，如发现能力、感知能力、观察能力等。思维能力也很重要，在美国的建筑院校中，对英语的要求很高，他们认为做建筑的过程实际上就是思考的过程，语言也是思考的过程，所以对语言能力的要求很强。思维还包括形象思维能力，即"包豪斯"的精髓，"包豪斯"的精髓就是通过形象来演化和表现。另外还有批判和置疑的能力，即对一些观点进行批判。

吕品晶

我觉得首先是态度问题，要思考以什么样的方向培养学生。在中央美院也是希望在文化研究和教育上有这样的态度。我觉得学校和设计院是整个设计教育的一个过程，不要把自然置身于设计教育之外，要有社会责任。第二，应该把教学互动的关系建立起来，摆脱被动的学习方式，在教学过程中不断更新、思考和探索。

另外我们在教学理念上应该进行更新，即设计教育不仅仅是专业教育，或者职业教育。我认为学校应该给学生一个更大的格局，而不仅仅是知识。格局越大，将来走得越远，重要的还是我们怎样去引导学生。

孙黎明

我讲讲作为用人单位的这块，在学校开明的情况下我们可以经常去讲课，效果是有冲击的。可能因为社会经验足，讲的方法或者讲的东西学生是听不到的，所以比较受欢迎。我们现在不愿意招应届生是因为我必须要花两到三年，把这个学生打开，让他去适应这个社会，适应什么叫真正的诉求。

童岚

设计就是一个体系，不只是视觉上的东西，而应该是设计背后的发现和思考。

我认为可以在教学上做的改变有五个方面。

第一：把美术中的术去掉，变成美的教育。设计师从美术到美，是非常重要的。

第二：从标准化到独特性，要针对不同的学生找到不同的教学方法。

第三：一个设一个计，说的是未来的设计，教学生眼前是教他们来判断未来，接受未来最好的方法就是设计未来，让学生关注未来，与时俱进。

第四：培养学生好的思维方式。

第五：从让学生认为设计是功利性的事情转变为设计是可以实现梦想的事情。

潘召南

我认为，第一可以通过其他方式的教育来改变设计教育，第二是通过影响来进行教育。很多设计师都是通过社会的影响萌生出设计的灵感。解决趋同性要了解自己应该怎么做，在哪些方面进行设计。我认为可以引入新的教学方法，让学生真正体验到设计。

琚宾

设计是要进入到应用中的，这也需要通过时间来积累。

对于一线设计师来说，比较愿意用综合素质好的设计学院毕业生，他们的综合素质基本体现在：文字功底好，修养好，为人处事好，情商高等。就设计教育来说，我认为它是一种过渡型的教育，目前我们只灌输给知识，却忽略了体现综合素质的人文教育。其实这反倒应该是我们中国传统中最重要也最应被重视的一块，而不是一开始就把一个人培养成一个技术特别强的人。

另外，我认为设计应用应该有一个桥梁，需要通过设计院搭建这座桥梁，而这座桥梁也应该是通向国际的。如果通过这座桥梁打通很多实践的方法，并且能够跨国交流，我认为是很有益于未来发展的，也会改变我们教育的现状，但关键还是综合素质的培养。

产业发展与设计关系

03

产业发展与设计关系

创基金理事：邱德光
圆桌主席：张宏毅
出席嘉宾：林莺华、朱家桂、佘学彬、吴晨曦、吴为、陈勤显、康家祥、王维扬

引言：

> 近十年来中国经济发展取得空前的成果，造就了产业的蓬勃发展。"品牌"是所有企业追求的极致目标。中国内需产业如果没有品牌、没有通路，很难持久生存。品牌有设计师持续设计力的加持，才能建立所谓的"粉丝消费族群"。因此产业发展需要与设计师紧密联结，是未来建立"粉丝消费族群"的必然。
>
> 中国的家居产业和家居制造业走过了"拿来卖"和"拿来造"的阶段，至今相当多的厂商还没有能够摆脱以跟风仿造、价格竞争为主流的"发展模式"。这种模式和互联网上被高估值吹起来"现象企业"不断地打压成本利润空间、鼓吹设计免费，会让整个产业更有竞争力吗？中国的家居产业是在往上（网上）走，还是往下（网下）走？

观点总结：

（一）如何让设计更好地与产业结合，成为中国家居产业上升的驱动力？

1. 设计体现市场需求，把握消费需求，适应市场价格需求。

2. 对设计而言要接受彼此的磨合，对产业而言要认识到这是一条捷径。

（二）如何有效地保护知识产权，让企业更愿意在设计研发上进行投入？

1. 创新成本高，维权成本高，有时候"李鬼"变成了"李逵"，加上产品同质化严重，必然导致知识产权受到侵犯。

2. 企业要认识到被抄袭代表着被认可，抄袭的是外形，抄袭不到竞争力，真正的竞争力是设计，是渠道，是创新的成本。

3. 知识产权能够帮助企业确立核心技术，企业自身需要提升创新速度，适时联盟，呼吁政府专利支持。

（三）设计与产业结合的瓶颈在哪里？设计界应该为"设计+"的时代做什么变化？

1. 设计精通的是产品在消费时的运用，而不是产品自身的技术属性。

2. 设计师有个性化追求，产业精神不足。

3. 设计师的风格重复太大，比比皆是。

4. 设计只具备行业知名度，不具备消费者圈内的市场知名度。

5. 企业对设计的期待过高，过于功利，设计转化能力差。

6. 设计师配合度不高，沟通成本巨大。

7. 设计教育、评奖、媒体、体系严重扭曲，严重不健康，过于夸张，"求怪求异求洋"，心态严重失调，鄙视产业需求。

（以上前 5 点不是瓶颈，只是问题，真正的瓶颈在于 6 和 7。）

（四）产业界与设计界怎样修护帮助形成良好的互动氛围，让"设计+"真正的助力产业的发展和腾飞？
1. 让设计成为产业链的始端，让设计满足市场消费者的需求，让设计满足产业落地的可能。
2. 呼唤更多有门槛的沟通平台。
3. 设计驱动产业升级，产业推动升级落地。

佘学彬

设计更好地与产业结合就是要把产品发展与设计的关系看成是一种核心竞争力，例如国外家居和国内家居内在的区别，就在于细节方面，细节是仿制不了的。另外，如果企业去做专利，会制定标准，会走在行业的前面，品牌效应也是跟着你定标准的价值提升，会远大于仿制的。专利可能要从政府的层面去做，我们可以做一些小范围的事情，去推动行业自律。我认为设计与产业结合的瓶颈在于行业品牌。行业品牌必须要包装，要抢头条。行业的结构也是瓶颈。产业要落地，设计也要落地。

张宏毅

我们设计行业有几个中国特点，第一个是产品的生命周期，这个很重要；第二是个性化、标准化，这个矛盾性很大。问题在于理论不变，企业很难。在百度上搜索"风格"，能搜到成千上万种，但没有人知道到底每种风格的价值是什么（风格无法用价值衡量，没有标准化）。但搜索"宝马"，一搜便知，他们做到的是把理论产业化、标准化、产品化。这是设计师知名度的问题，设计师的瓶颈就在于没有把自身的品牌度和知名度投入到为直接消费者服务的产品／品牌中。

设计师自身的瓶颈还在于：第一，虽然今天的设计师对于整体的运用把握得还不错，但对产品自身的属性，也就是说生活的内涵还需要提高；第二，设计师对产业化的认知以及产业化精神还比较缺乏，太过于自我和追求自身的独特性。对于独特性的诠释，好像更加是设计师某种风格的代名词，而到了消费者的层面上，反倒形成不了独特的优势。第三，缺乏沟通，最大的瓶颈就是彼此（设计师和产业）沟通成本高，彼此之间相融的成本高。

设计师这个行业在行业的知名度，在设计圈里有，但在消费圈还没有，这是需要把设计放到产业中去实现突破的。

还有就是设计行业中的教育体系、评审体系以及推广体系，它们的导向都极其不产业，而是一味求新、求怪，这也是目前的瓶颈。总而言之，需要让设计与产业紧密相连，让设计驱动产业升级，产业推动设计落地。另外要破除沟通成本的问题，就是要加强彼此的包容性，并且互为理解，相互融合。

林莺华

我对顶层设计的概念有了一个重新认识，设计推动行业的发展，我认为应该更多地以设计思想的传播为主，设计对产品的推动可以体现设计师很好的专业性。客户对品质的需求和生活的需求越来越高，消费需求在不断地变化，所以我们通过设计师和家居行业的结合，希望找到一个更好的切合点，就是用户的需求。更及时地满足客户的需求，才能让设计真正落地到产品当中。我认为未来的家居设计还有一个方向，即客户需要的场景化，未来的产品也可以进行高端定制。

朱家桂

我们在进行招商的时候会考核三点：第一点，是不是好设计；第二点，是不是好工艺；第三点，是不是好材料。这样我们才可以跟消费者讲这是一个好产品，老百姓买得起的才是好设计。设计的瓶颈，背后的原因在于今天的消费者不是原来的消费者，设计师也不是原来的设计师，产业跟行业要打通，因为消费者需要更好的产品，我们这些设计就是对应高端的需要。近距离的和一流设计师交流后才会彼此了解，沟通很重要。设计名声、设计消费，才能做出老百姓买得起的好设计。

吴晨曦

大师的思想产品化是企业未来发展方式之一。大家对设计与产品化结合的重视可以推动中国的设计产业进步。新的思想和技术要相互打通，对于产品的研发是有很大推动作用的。思想和技术相互理解就没有瓶颈了。

吴为

人均消费达到 8000 美金左右，必然会有消费升级，产业之间会进行合作，这是产业升级和文明发展的必然结果。产业升级可以夯实品牌对消费者的影响力，也可以拉近与同行的距离，储备资源。产品走向高端，企业在市场中领先肯定会占有一定的市场份额。而家居行业看中的是如何满足消费者的需求，对产品的高端化就不够重视。

设计师从高端到落地的切合度是设计中的瓶颈。设计师走向产品设计，走向工业设计，而不是以前的项目设计，也是消费升级文明的必然结果。设计师一定要找到产业，这是设计师行业发展的必然规律。设计和产业应该多进行沟通。

陈勤显

在产业发展与设计关系上，要站在消费者的角度，形成自己的设计能力，不是简单地为了品牌传播做一些简单的带有大师光环的东西，要有产品的设计风格。我们要让全中国的人都能享受设计，反过来让社会尊重设计，我认为要让社会尊重设计，就要站在消费者的角度去看待设计。我们要不断推出新产品，并让新产品有快速变现的能力，别人就不会轻易追上。设计的瓶颈就是太急功近利。我们跟大师合作，是让我们有设计能力，懂设计语言，然后转化为跟消费者互动的能力。

康家祥

设计跟产业的结合都需要一个磨合的过程，设计可以帮助提升我们企业的产品，设计师可以将他的设计理念通过产品的方式体现出来。控制产品的成本会解决消费者买不起的问题。从产业层面来讲是需要把所有产品商业化，利润最大化，但是设计师会想如何把产品做得与众不同。设计师跟产业就是要多沟通，打通互动，产业链才能打通。

王维扬

设计分两种，一个是产品设计，一个是产品在应用中的设计。设计师在单个产品上可能设计的不理想，但是产品能不能吸引到消费者，更好地服务于消费者，也是需要考虑的。一个企业一定要有原创设计才能走得更远。设计师＋产业可以更直接地满足消费者的需求，设计师成为最了解市场的人，设计的产品才更能符合消费者的喜好。

邱德光

整个中国经济发展到一个程度，很多消费品领域的企业都希望跟设计嫁接。什么原因？因为时间已经到了。行业同质性太高，大家都在拼价格，但是嫁接设计就意味一定会产生品牌吗？未必，但是马上可以加载设计的光环让消费者知道你很牛。但这需要有持续性，品牌是不是可以持续，我认为是我们必须关注的。以我自身为例，我的每个设计一定是要能落地的。怎么落地？就是量化。量化就是考虑多少量可以产生效益，你必须考虑它所能产生效益的因素并把它们确定下来，这样一个品牌才能成为品牌，如果只是昙花一现，就无法成就一个品牌。产业必然与设计有关联性。

设计师没什么了不起，可能两三年之后再看自己的设计，也会觉得根本没什么。那么设计师的责任在哪里？我们的责任是要做研发。产品也是一样，当今世界瞬息万变，韩国已经超过日本了，为什么，是因为他们高度的敏感性。另外，最重要的就是要了解消费者的需要，做消费者需要的设计，产业才会发展，不要发现产业走到瓶颈就消极。研究需求，并进行持续的产品研发，才是真正的王道。

一定要认知消费者的喜好，让消费者喜欢，无论是对于产品，还是产业，都是如此。要先实现落地，才有未来。产业一定会驱动设计的发展。

再生与可持续

04

再生与可持续

创基金理事：孙建华

圆桌主席：朱柏仰

出席嘉宾：余平、陈斌、刘伟、庞喜、陈彬、张灿、

郑扬辉、梁军

引言：

可持续设计（Design of Sustainability）是关系到人类生存环境对应自然生态的建筑行为议题。"再生"或"再使用"（Revitalization）则立基于"可持续设计"范畴内，以城市、乡镇、建筑单体于文明历史之时空延流脉动中，针对文化保存、永续经营、居民／访客活动等，于政治、经济、社会需求互动中完成设计与营运的执行。

观点总结：

（一）再生与可持续设计的课题：

1. 旧与新—历史记忆与时代创新：在具备历史遗产价值与自然、地理、人文特性的场所内，如何运用室内设计再创人之生活空间经验。

2. 建筑再生（Architectural revitalization）之于室内设计的意义如何定位。

3. 可持续（永续）之城市／建筑再生之于已失落或濒临失落之城市／环境记忆如何再造。即一种未来导向（Future-oriented）再生的设计，如何于新城市之结构生活空间中再塑新的"记忆"。

4. "再生"如何被定义于包含各种面向之城市纪念保存（Preservation）与永续性之设计创新（Renovation）。

5. 环境保护理念与设计之节能技术——"绿建筑"概念之于室内设计议题如何导入再生与可持续设计议题。

（二）论及再生和可持续主题：

1. 再生和可持续在设计议题上如何定义？

2. 旧与新的议题落实在设计上即为文化问题和心理问题。

（三）新与旧的时间性议题——新与旧在时间轴的记忆与价值，审美和价值体系的建立。

（四）再生与可持续之设计创新议题。

朱柏仰

可持续要被称为永续发展，基本上定义为建筑行为。什么是建筑行为？人作为设计的一个基础，我们该如何持续地处理和面对人的生存环境对应自然生态和自然环境，也就是建筑行为的永续。再生，让我们再回到建筑行为，即经历一个由旧变新的过程。旧有很多旧法，包括有价值的旧和无价值的旧。我更希望把建筑行为的重点放在可持续和再生的结合上，而不要将二者分开。

当我们谈到再生和可持续时，我会思考：新和旧的关系是什么？由旧变新的价值是什么？如何界定不需要保留和需要保留？新是怎样的新，再生是怎样的再生？

孙建华

再生和可持续这个话题是个可大可小的话题，这个话题最早也来自于传统建筑体系创作的事情，包括面对人和地球资源的关系，一个是空间资源，另外一个是器物。新和旧是通过时间来进行判断，以前是将永久的建筑视为永恒的美，现在的观念在改变，现在的建筑构建方式，生活方式都不一样，临时性的建筑，从审美价值来看也可以称为再生可持续的。另外，从价值体系来讲再生和可持续存在，两个字，存和创。所以创也重要。创造的关系对于设计师来说也非常重要。

我认为要从当代性找到思维方式，中国的文化都会被标签化，是从最基本的生活需求沿着时间慢慢形成的，会形成当下的价值。

我认为应该把永恒性和临时性两个概念结合起来。临时性的概念是比较值得去推崇的现实意义，当下要提出临时性的概念：一次性的经过充分科学论证的可以循环的。在我们的创作中对于临时性的关注也会成为价值体系的一部分，把临时和永恒结合起来对于我们思考问题是有好处的。我认为研究和思考都会被体系化，体系化对于今后的设计会起到好的作用。

陈斌

设计师在进行村落开发的时候，要有素养和担当。我总结了五点：第一，要尊重中国传统历史文化；第二，尊重原始的生产生活方式；第三是尊重空间；第四是个人的融合创新；第五是产业要有灵动性。

有调查显示，2000 年有 363 万个自然村，到 2010 年只剩下 271 万个，到 2012 年有 230 万个，到现在可能只剩下不到 30 万个村庄了。因此需要设计师思考如何如何让自然村增加。2014 年统计中国历史文化名城总共是 276 个，历史文化街是 50 个，传统村落是 250 个，对于设计师来说是个很大的舞台。

我认为通过古村落的历史文化价值，提出中国的村落的概念，可以将文化向世界推广。通过村落的再生和发展可以传播中国的传统文化和中国的价值。

新与旧设计的话题已经讨论了很久，变成了一种口号，我们所面对的新与旧，我认为是观念上的不同，有些人认为传统文化中不推崇推陈出新，因此新和旧两派人会有很多对立的方面。

我认为的可持续发展模式，第一是出钱把这些东西保护下来，第二是进行旅游开发，第三是拆解模式，第四个土地模式，第五是观光农业，第六是文化产业模式，通过图腾符号开发相关业态。

我们要有勇气在原来的基础上注入现代文化。如苏州园林，其实加入了很多新的东西。村落再生比城市设计更复杂，尊重乡村的自然风光，把小城市的形态进行规整，必须整合当地的特色资源产业，原生态文化不可缺少，并进行保护设计。村民受益，形成自我治理，把农村建设得更像农村。我们必须正视我们文化中的缺点，准确识别新与旧的尺度，保持对传统文化的审视，不批判，用审视的态度，智慧的运用社会的力量来解决我们文化心理上的鸿沟。

余平

我认为新与旧的问题很多层面上可以再生利用，真正可持续发展要从根本上、从审美上重新创作，比如说旧的东西是其他东西无法取代的，无法超越的。

我最近在南京做一个和再生相关的酒店，是一个被保留下来的明清时期的院落，其中保留了很多生活的痕迹。我认为可持续发展真正要落实到行动上，最主要是减少物料，为了做造型的物料可以去掉。这样的室内设计才能保持相对的生命周期。

土对于传统建筑来说是最好的外衣，土房子的美感是难以超越的，但如今我们已经不再用土建造房子了，可持续的发展就是当今最前沿的文化，可以把土房子做好的国家也是非常先进的。

设计师来到这个世界上来做创造创意，首先应该打破空间，打破各种因素，从条条框框出来去思考。关于这个旧东西再用，刚才也提到，大众老百姓普遍的心理就是喜新厌旧，这个问题希望通过创造性的劳动可以解决。如改变建筑的结构，改善采光，通过各种数据来告知大众住老房子可以多活几年，这样可以改变大众的观念。对于新的空间我们可以放旧的东西进去，带来的是一种精神，形成物质和精神的共同体。

我们在设计的时候要考虑时间和空间，这个新旧东西是对换的东西。

刘伟

古村落的保护所面对的就是新与旧，房屋和街区也好，各自有各自的气息。我们中国的文化是好生恶死的，留下来的东西是有生命的，他们能够被激活，被今天的人所用，比如设计所释放出来的信息有正面和负面的，都是通过注入一种现代的生活能量进一步激活。有生物在的房子会更有生命的能量，房子也就没有那么容易坏。

中国人不太喜欢用旧的东西，比如说新中国成立以后不喜欢旧的东西，新朝的天子也不愿意使用旧朝天子的房子。西方的思维也会影响到我们的设计师，如旧城改造，也是从国外引进过来的。但我们要思考我们需要保护什么，再生什么。设计师应该通过新的技术新的手段来把这个旧的东西放进去，变成有生命力的作品。

庞喜

我们自己在做茶具产品的研发时会在控制成本的情况下保留原有的工艺和图案，用现代的材料去改良产品。再生的产品想延续，要有一定存在的当代性和实用性。我们一直在探讨，如何住进去能感受到酒店本身的韵味，而不是给他强加一个状态。我认为应该找回各种缺失的审美，找到简单精致的生活方式，简单就是找回审美，重新诠释。

陈彬

必须正视我们文化中的缺点，准确识别新与旧的尺度，保持传统的审视，不批判，用审视的态度。不要迷信和留恋设计师的力量，智慧地运用社会的力量，来解决我们的文化心理上的鸿沟。

张灿

新和旧对立这个问题我的感触比较深。我亲身经历过灾区的改造，包括旧村庄的改造，没有一个村民会愿意住在原有的村庄中，因此我们要考虑如何去保存原有的痕迹。另外，设计师在设计的时候要考虑自然环境和人际关系的融合。文化的保护，再生元素的保护，是设计师需要思考的。我们需要控制设计的植入方式和分寸等。我希望能够注重研究存在美学，这是设计师应该关注的哲学思想。存在美学所产生的东西，包括自然的东西都有存在的意义。如时间，就是历史带来的产物，也是存在的。

郑扬辉

我认为室内设计文化与生活是息息相关的。我是福建人，福建人的地域文化肯定会决定室内设计的。对待新旧的问题上，我觉得我们对旧物做室内设计，或者引用当地材料，或者考虑人的生活方式不断改变的过程以及对生活的感悟和体验。

空间可以表现出当地人的生活习性和文化精神。如福建人在生活中严谨和包容，所以他们在空间当中很多地方会体现包容性，很注重风水，福建的别墅典型是中式风格，正面有屏风，这种做法也体现了福建人热爱生活同时希望体现家族荣誉。福建的家族荣誉可以通过建筑全部传承出来。另外福建人的茶文化、生活文化也是代代相传的。福建人的拼搏包容和开拓的精神，造就了福建室内设计行业的新与旧的再生与发展。

梁军

永续与再生有两种文明，一种是农业文明，一种是生态文明，农业文明是一种循环的概念，生态文明是循环和交换。建筑的素雅和奢华其实是一种生活方式的体现。新与旧交替才可以达到永续。

05 打造设计品牌

打造设计品牌

创基金理事：梁志天
圆桌主席：李鹰
定向邀请：卢志荣、欧镇江、吴滨、孟也、王胜杰、陈志毅、曾建龙、瞿广慈

引言：

品牌，从商业的角度看，是结合艺术与设计的一个文化产业，是企业的灵魂标记。在现今的商业社会中，品牌为企业树立强有力的竞争优势，发挥着越来越重要的作用，更会被视为一种非常重要的资产进行管理。然而，在中国大部分的企业品牌皆为大众消费品，真正能打响名堂的设计品牌相对较少。

观点总结：

如孟也老师说："品牌的打造是一定的，无论是初出茅庐还是经过市场的各个阶段历练，我们都会受益于品牌打造带来的好处，甚至会有无限的可能"，再如卢志荣老师所说："一个设计师仅有的资本就是时间，怎么把时间利用好做力所能及的事情，这才能换来创作的自由。设计师的个人品牌，就是愿意承担，把作为一个设计师的责任背负起来，所以品牌的质量与性格就是反映设计师个人。品牌背后的关键就是设计的灵魂，这也形成了品牌的特征与信念。"

欧镇江

我是以公司作为目标来打造品牌的，而不是以个人的魅力去打造一个品牌。如果以个人名义打造品牌的话，会很快，很短时间内很多人会知晓你个人的魅力，很短时间就可以打造品牌出来。但是对企业来讲，我们要发展的是可持续的企业，而不是一个人的发展。我们做室内设计和建筑设计，是一个团队在做，而不仅仅是一个人。虽然开始的时候需要用个人的魅力带动团队，才能做出好的作品，才能有作品，才能让公司越来越好。我认为如果一个公司要做到可持续发展，就要以公司为定位，以团队为核心去打造品牌。设计师用能力创造商业价值，让别人认可，这样才是有价值。打造品牌首先要有创造力，其次是影响力。因为你想打造品牌影响到别人，就是因为有创造力，影响了人的生活。

陈志毅

我认为不要把自己的名字放里面，不管是室内设计师、建筑设计师还是服装设计师。我认为我们是一个团队，所以我没有用自己的名字来命名品牌。因此对我来说品牌有不同的定位。

吴滨

我认为有些品牌有个人魅力，会用个人名字命名品牌，奢侈品品牌比较普遍。另外对于公司将来的发展，个人名字命名品牌在中国的市场上是比较容易接受的，这和品牌发展的诉求有关系。记住人是容易的。所以传播用人名是很好的方式。品牌和文化也有关系，欧洲文化就是家族观念非常重要。以前中国也讲旗号，现在正在回归。经济发展到很不错的阶段，现在又开始回归。其实个人旗号很重要，这是一个变化的过程。

在当今这个社会，打造品牌是一定需要的。作为设计师来讲，打造个人品牌也是很必要的。公司规模的扩大也需要设计师通过个人作品宣传去影响。创造和建造一个品牌，肯定和商业有关联，否则不能叫打造品牌。我认为设计师可以带动其他的产业，才是一个品牌。我认为艺术家不是品牌，艺术家可能是一个艺术名人，毕加索是艺术名人，但不是一个商业品牌。品牌是基于商业目的产生的事情。

瞿广慈

品牌相当于符号，符号出现的时候，就是形而上的概念，我们在品牌上赋予很多内容，最后进行整合决定了最终品牌的形象。我们最初做艺术类产品的时候，更多是把它定位成一个中国的艺术礼品的概念。所以我们在包装、故事、设计等等都围绕中国普遍情感的概念去做，我们希望产品可以呈现情感、礼物、艺术这个概念。我希望产品可以有更多的体验。

我们在做雕刻市场推广的时候很容易和各种各样的明星合作，慢慢地很多同事会迷恋于很多品牌的创造，比如和赵薇合作一下会传播很快。通过不断地认识，我们将公司定位为产品公司。另外我们在和甲方沟通的过程中也是服务，所以在打造品牌过程中，服务型品牌和产品品牌一定要分清楚。

艺术家和品牌之间有隔离带，艺术家形成品牌的过程中，用的方式是不一样的，因为有市场，有些人会买，因此艺术家总是会找到形成品牌的方式。我们在做品牌的时候，肯定会考虑和社会交流的地方在哪里。艺术家会通过自身的创作，寻找一个和世界沟通的方式。品牌最后赋予的东西不是通过个人来改变，主要是通过市场来改变的。

产品品牌也包括服务——体验。我们做一个产品品牌的时候，就已经把体验放在其中了。我们需要"打造"自己的品牌。首先是造，是关于产品寻找朋友。然后在造的过程中寻找朋友，打出自己的品牌。现在国际品牌站得更久，和国际相比的时候，你的定位没有优势，所以品牌一定要打出来。

曾建龙

我个人对于品牌的认知有几个纬度：
第一，个人品牌、企业品牌和产品的品牌，都离不开创造者的核心，设计师的灵魂最重要，其他只是在转换，以互联网的角度来讲，要把握好是互联网带动设计，还是设计带动互联网。现在，不管以个人的名字还是以企业的名字命名品牌，是为了传播便利，能够让市场快速地接受。所以现在市场出现的品牌名称都是通俗易懂的，甚至是阿猫阿狗，比如"饿了么"，就是一个品牌了。我现在做生活品牌馆，也是想利用一些模式和渠道使品牌快速传播给老百姓。

最近我要做一个生活馆，如果我建立品牌生活馆，我自己没有做设计，只是做商业模式，面对整个市场的营销，它是品牌。所以我们创造品牌，和通过营造品牌做市场是两个层面。

品牌市场价值非常大，在创建品牌的过程中，可能不一定都会服务于客户，只是设计前期的商业构造，也是创建品牌的一部分，和我单独做产品设计的品牌是两个方面，我们需要站在不同的视角去理解。我不是很认同作品获奖就是好的，这个和品牌没有关系。有些大师不参加评奖，但是作品是最好的。所以要让现在这一代人认知品牌的价值，打造一个最好的品牌，做成一个更大的市场。

孟也

其实不论是一个公司名称品牌，还是个人品牌，归结到背后一定是个人的。所有的知名品牌都会归结为人的习惯，背后的人才是最重要的。在二十年前，我们刚毕业的时候一定要打造自己的设计品牌，才能让别人认可。在设计品牌打造得比较成功之后，才会有更多无限的可能。

王胜杰

国外很多公司都不用个人名字命名，因为很多团队或者股东都是以公司为主。在国内，个人命名品牌占得很多。设计公司要打造好的品牌，还是要有好的作品。

卢志荣

对我来讲，品牌最重要的是灵魂，把品牌的名字变成责任，包括如何去演绎这个品牌，领导这个团队出作品。所以整个品牌的性格也可以通过领导检验出来。当然用自己的资源建立自己的品牌，这样可以更自由，发挥的空间更大一点。自由度很重要，我主要在质量上进行把控，这也是我的特色。对我而言，不会因为追求这个量，而牺牲了速度。这个做法是比较理想化的，不用估计市场怎么样。我们会以保证质量为前提做设计。

李鹰

现在很多人用个人的名字做品牌，这也是一种负责任的态度，即用名字来做担保。当一个人名成为一个品牌之后，其内涵和以前也就不一样了：以前代表一个人，但现在代表的是品质，其意义已经改变了。

如何打造设计品牌？主要涉及两个问题。第一，设计品牌的目的是什么？关键是打造。打造会牵涉到很多敏感的话题，但它和我们多努力打造有关。第二，如何打造设计师品牌？

酒香不怕巷子深，这是中国人的思维，东西做得好就不怕别人不知道。有些艺术家觉得卖得很有名了就会有人过来。

如何打造，或者打造力度？首先要讨论的问题是：品牌到底是什么。假设一个前提，我们讲到品牌时会本着一个商业目的，既然有了商业目的，我们就要打造更为人了解和认知的品牌。这其实也和时间有关，如果换到 50 年或者 100 年前，当时没有互联网，或者没有广播电视等，唯一前提就是要把产品做好。而在现在的环境中，我们还需要利用很多科技和媒体的手段。

总结来说，如果是年轻设计师，自己所做的东西还不确定的话，我们不应鼓励他们做过多的打造、包装，而是首先要把产品做好，不管是做产品还是服务，都是先要本着职业操守。在这个情况下，我希望年轻设计师们能够设计出真正让更多人都能使用的好东西。我们的社会要往前发展，我们所设计的产品就必然要越来越好。

梁志天

我首先和大家分享一下我的故事。很多人都是有计划和有想法的人，我不一定是，我想我是一个敢于改变的人。我的品牌不是一开始就叫梁志天的。我学建筑专业，1987 年的时候成立了一家设计公司，当时取名为 CDU——城市设计代言人，当时之所以没有直接取名为梁志天，主要是没有信心，觉得没有人知道你是谁。其实按照西方的惯例，建筑设计专业的人都是用人名来做公司名称的。直到 1997 年，我开始使用自己的名字。后来再过了几年，我在国内有点名气之后觉得这是一个品牌了。当时，我的名片没有 LOGO，而只是自己的名字。现在我公司的名字又改了，变成 SLA，主要强调建筑。名字其实意味着一个品牌。无论是人的名字还是公司的名字，都是根据公司不同的阶段来改变，我还是公司的灵魂。

不管是用个人的名字还是公司的名字，我们都要用力、用心打造好这个品牌，主要就是要把设计、作品做好。

我认为品牌和个人或团队没有关系，比如一个艺术家自己创造作品或者厨师自己做一盘菜都可以创造一个品牌。

未来中国设计
企业模式

06

未来中国设计企业模式

创基金理事：戴昆
圆桌主席：沈立东
出席嘉宾：庄瑞安、王宇虹、沈雷、杨邦胜、罗劲、
柳战辉、谢天、金捷

引言：

中国经济经过了高速发展的几十年，中国的设计企业也在机遇中弄潮成长，充分享受了社会经济腾飞和城镇化发展所带来的红利，赢得了让全世界同行羡慕的市场机遇，得到飞速的发展和壮大。在中国经济发展进入"新常态"，工程建设快速回落的时期，思考未来中国设计企业生存发展的模式，成为每一个企业引领者的当务之急。

观点总结：

问题一：如何让设计更好地与产业结合，成为中国家居产业上升的驱动力？

1. 1+1>3（体现消费者需求／适应市场需求／承受定价需求）；
2. 对设计而言要接受彼此的磨合，对产业而言要认识到这是一条捷径。

问题二：如何有效地保护知识产权，让企业更愿意在设计研发上进行投入？

保护知识产权无论是设计还是产业皆可谓无能为力，这是政府的事，但设计可与产业携手保护知识产权：

1. 加速创新，让剽窃追不上；
2. 共创核心竞争力，令抄袭成本无及。

问题三：设计与产业结合的瓶颈在哪里？设计界应该为"设计＋"的时代做出哪些变化？

只是问题，没有瓶颈。如果一定要说是瓶颈，只能是彼此的沟通，以及设计价值普及体系。这与国情有关。

1. 设计精通的是产品在消费时的运用，而不是产品自身的技术属性；
2. 设计师求个性化追求，产业精神不足；
3. 所谓设计师的风格重复太大比比皆是；
4. 设计只具备行业知名度，不具备消费者圈内的市场知名度；
5. 企业对设计的期待过高，过于功利，设计转化能力差。

问题四：产业界与设计界怎样修护帮助形成良好的互动氛围，让"设计＋"真正助力产业的发展和腾飞？

1. 让设计成为供应链的始端，让设计满足市场消费者需求，让产业为设计价值落地提供保障；
2. 呼唤更多设计与产业沟通平台；
3. 设计驱动产业升级，产业成就设计价值。

问题一：如何让设计更好地与产业结合，成为中国家居产业上升的驱动力？

柳战辉

设计行业的发展模式中存在这样几个痛点：第一，是甲方的痛点，尤其是二线、三线城市不知名的开发商，往往拿到地后不知道怎么办，更找不到优秀的设计团队。其次，优秀设计团队对甲方的信誉、效率、支付能力都缺乏信心，令合作难以达成。

第二，全国设计院发展不均衡，首先是业务领域的不均衡，市场好的时候住宅设计量大，而现在竞争越来越激烈，几乎没有利润，同时还需要大量人才。大院还好，多少有储备有积累，但到地方院资源就显得比较匮乏。二三线城市在一些新业态和大型综合项目上表现得吃力，也令甲方不能完全放心。

第三，我们观察到，一些设计平台都在不断推动国际大师与国内项目的对接，但在接触中我们发现大师也有困惑，他们往往创造能力很强，但是对于和国内的开发商、甲方、政府的合作往往觉得很吃力，因为合作机制不清楚，没有当地的专业团队提供强有力的支撑。这是行业也是市场的痛点。

基于设计资源找不到甲方，甲方找不到好的设计资源，以及新的业态、市场的出现，人才积累不够，设计信誉等问题和矛盾，我们需要建立一种新的机制，通过平台化的方式组织资源，进行有效配置和专业化保障。这个机制的核心可能是：推出设计行业的支付宝平台。

谢天

第一，我认为中国设计师市场正处于转型、上升和整合的时期。"转型"指的是越来越多的人已经认识到设计不仅仅是简单的锦上添花，也不仅仅是形而下或者形而上的，更多的应该是关乎思想，是一种态度。"上升"的概念是，设计对于市场维度的认知更加成熟而且多元化，在此基础上，以一种整合的态度，应对经济发展、生活，包括生产方式以及技术等在内的变化。

第二，设计企业的核心竞争力到底是什么，构成的因素和排序是怎样的？我认为，任何一个企业的核心竞争力是人，是人的创造力和生产力，这里的人不是简单的自然人，也不是简单的社会人，而是在有效的制度保证下，具有市场前沿性和灵活性的分工组织。

第三，中国设计企业的未来方向是外向型还是内向型？外向还是内向只是市场形态的不同，从社会发展格局来看，我认为整个世界都是外向型发展的，中国在讲创新设计之路，其实就是肯定了外向型的发展，是内在的核心。

金捷

关于设计模式，我理解为以下四点：

第一，做全科医生还是专科医生？这个问题的指向是：设计公司要做全面的还是做专业性的。我认为，今天设计公司的发展更多的是在某一专业领域做得更好，这是未来可以发展的方向。

第二，做规模性企业还是个性化的工作室？这取决于你想要做成什么样的规模。不同的合作模式或者是不同体制下，大家所追求的规模是不一样的，大有大的内容，小也有小的精彩。

第三，跨界与融合的重要性。作为一个综合性的设计公司，跨界与融合的重要性需要被重点考量。

第四，创新。要创新，要创新，要创新，重要的事情讲三遍。创新不仅仅停留在作品上，更要践行在设计公司的模式上。

问题二：如何有效地保护知识产权，让企业更愿意在设计研发上进行投入？

戴昆

处于一个 GDP 长期会稳定在新常态的时代背景下，设计企业是不是需要探讨一下企业未来的发展方向了？企业要不要具有一定的社会性？要不要具有社会责任感？企业到底靠什么持续地创新？

杨邦胜

中国的室内设计开始于 20 世纪 90 年代初，到 2005 年左右，这一阶段主要依托于大型工程公司；从 2005 年开始，直到 2015 年，是一大批自主独立的企业从工程脱开，走自主创新、设计发展之路的过程；直到今天，经过二十多年发展，始终伴随着国家经济的新常态以及专业细分、市场竞争加剧、品牌创新、产业发展等。

在这一过程中，让我们不断思考，设计的真正竞争力究竟应该在哪里？我们真的是在依靠我们的创意吗？做到一定规模的设计公司一定逃不开管理两个字，管理是核心竞争力。在新形势下，我认为，设计品质、公司品牌、设计管理、设计创新等都会迎来更多新的挑战。

罗劲

设计一定要专业化。首先，设计门类要专业化，商务办公、银行、医疗等的设计门类肯定不一样；就算是创意办公，门类也不一样。随着现在"万众创新、大众创业"环境的到来，设计要专门针对创业公司、互联网公司、高科技企业等，细化在专业领域的创意空间，设计门类必然要专业化。

设计服务要全程化。全过程化设计在今天的设计作业中越来越重要，甚至要包括在前期的可行性分析与策划。越早和客户接触，在客户当中的优势地位越明显。

沈雷

所谓设计师的管理其实就是人的管理，认对了人就是画对了图。首先从找人开始，新的员工进来，我就知道这个人适合不适合在我们公司工作。我对哪个学校毕业完全没有要求，我主要看这个人是不是善良，只要善良，什么都不会都可以。我们公司有学厨师的，现在可以画很好的图。我们会靠自己的直觉知道每个人适合做哪一个项目，一个人的成长需要多长时间等。我们所谓的管理，其实就是保持一种松弛的状态，但是能够获得一个坚实的结果。设计公司要谈人，更要谈感情。

庄瑞安

市场开始放缓的同时也在朝着健康的方向发展，令设计公司有时间在细节、品质上细心打磨。设计企业的下一代也正从海外回归，在新的理念、思想注入以及更高品质的把握上，起到很好的拉升作用。如今，"一带一路"鼓励企业走出去，这是一个很好的局面。由于设计水平的不断提升和国际交往的频繁，我相信很多国外企业也会越来越多地邀请中国设计师进行设计。

沈立东

设计企业的竞争力很关键。企业能长久的发展，就需要有独特的竞争力。我认为，当今企业的核心竞争力应该称之为"资源整合的能力"。

对整个市场的资源整合很关键，目标是把市场化需求做到一揽子解决，同时使行为和过程越精简越好。对我们自身的企业来讲，核心就在于如何整合资源。我更关注的是整合集成的要素，包括科研开发能力，技术合作能力，质量管理能力等。首先需要把每个门类都先做到位。

金捷

对于没有创新的人，面临的最残酷问题就是失业，再不进去改造自己，肯定如此。个人是这样，公司也一样，认为流水线的简单复制和拷贝能够获得很好收益的时代已经一去不复返了。不是所有设计公司都需要创造一种新的模式。我认为，关键问题还是要把专业做好，能够在一个细分市场获得认可并且做到极致，也是非常重要的。

问题三：设计与产业结合的瓶颈在哪里？设计界应该为"设计+"的时代做出哪些变化？

戴昆

不同公司显然有不同的发展道路，几十人的小型企业整合资源肯定乏力，唯一的方向，就是首先向内看，不断在自身的创新能力和研发能力上进行提高，同时要负有社会责任，并且不遗余力地推动行业技术标准向前发展。企业的核心竞争力应该是来自于创新以及研发能力，再加上良好的制度。设计企业的未来也一定是分层的，比如蓝领设计企业、白领设计企业，还会有更高级的以研究引领的企业。我们唯一的做法就是专业化，如果专业化程度不够，就很可能自败阵脚。

杨邦胜

中国设计进入一个新的发展阶段，挑战很大，但我认为与挑战并存的机遇更多。

第一，中国的设计品牌之路任重道远。我们经过长足的发展没有形成真的设计品牌，这也直接表明了，我们这个行业在世界上还没有立足之地。所以，当有越来越多好公司健康成长的时候，是该推动他们往品牌方向发展而努力了。只有形成品牌，中国设计界在世界上的地位才能真正形成。

第二，新的形势下，具有中国文化属性的设计语言和设计师架构还未形成，这也是需要解决的。对生活的理解，对文化的演绎，到底该如何通过设计来表达？再不能是简单的符号，而是取其神韵，或者新的融合。我认为，中国设计业需要形成独特的语言和理论架构。

只有中国设计有了自己的思想，自己的品牌，才能够走向世界，获得认同。

罗劲

中国已经从批量化生产的时代进入了新常态，或者更应该叫正常态，也就是回归本身应该发展的状态，是慢速的，也是精致化的，同时更是创意驱动的。

设计公司需要从早期的策划阶段介入，一直到后期的售后服务。从这几年的趋势可以看到，售后量越来越大。设计公司作为创意产业的一部分，一定要对信息进行储存和反馈，当说到行业信息，能够迅速反应数据，比如能容纳多少人、装配型式、基本造价、材料标准等等。一个设计公司一定要有立得住、过硬的技术作为支撑，全程化特别重要。

当设计行业逐渐进入慢发展、慢设计的周期，我们开始精细化了。在这一过程中，技术首先要精细。例如画图，在日本，画错一条线有可能是要承担法律责任的。从画图开始，哪怕图纸的设置，到任何一个环节，我们都必须精益求精要让甲方觉得震撼。慢了以后，要做的就是精细，要将我们自己放在和国外同一标准上竞争。

沈雷

首先要有相同的价值观，价值观影响行为模式。今天的微信朋友圈就是认知彼此，形成共同价值观的工具。比如，设计者的行为模式、做事方式、态度、设计方式、审美等都可以通过微信不经意的传达，让客户能够进一步了解。在企业内部同样如此。所以，我认为先要解决价值观的问题，再影响行为模式。

王宇虹

资源整合是"标"，真正的"本"还是人。未来的发展方向是通过重组，找到对的、合适的人，无论大公司还是小公司，都关乎人的问题。针对合伙人的企业，合伙人对不对，同样会影响到公司的未来发展。所以说，人是最重要的，找对了人就是找对了路，为未来的生存发展带来前景。

庄瑞安

对于未来设计企业的核心要素，我认为有五点：

第一，专业。

第二，独特。做出来的设计一定要独特，不然客户不找我们。

第三，品质。这个品质不只是设计品质，更包括递交文件的品质，还有物料书的品质等等。

第四，服务。我们一直在强调设计是一个专业的领域，也是一个服务的领域。服务是很广的，要了解客户的需求，不只在设计上给予帮助，也要在日常生活上给予帮助。甚至项目完成了，大家能够变成朋友，接下来有什么需要可以做售后服务。

第五，多元化。以商业设计为例，多元化不仅体现在从概念到扩初、施工图的多方面，也不仅是包含了机电、灯光设计、艺术品陈设等多样化内容，还需要将菜单、制服、餐具一体化、不同体验的设计等都融合进去。所有设计都要整体化，这就需要多元化的服务。

沈立东

从设计企业的规模来看，大、中、小是并存的，大有大的特点，小有小的精华。我认为，专业化、专向化就是某一领域做出特色，同时具备全过程、集成化特质。全过程需要大企业具备全部产业链，但是中小型企业可分段而做，所以规模上没有问题。

我一直认为，设计公司在起步伊始由几个合伙人共同创立，是一个良性、多元和基础的模式。合伙人跨界越多越好，可以跨界到方方面面，由此确保多元化。多元是设计企业发展等关键。

问题四：产业界与设计界怎样修护帮助形成良好的互动氛围，让"设计＋"真正助力产业的发展和腾飞？

柳战辉

设计公司是具有开放性的组织，具有包容力并且能够与各个平台合作，进行资源整合、对接，在把握核心人群的基础上，进行资源互补、合作。

在这一过程中，设计师还可以获得什么？什么是可以合作共享的？设计企业在梳理自己核心竞争力的时候，其实也是在梳理自身的核心品牌策略，要知道在所有的业务中，哪些是真正核心的，哪些是跟着市场大方向走的。

金捷

我认为中国室内设计在市场化的进程中还是走在前面的，和城市规划、建筑设计等专业来比，中国室内设计处于市场化最严重的行列。中国室内设计可做的事情还很多，尤其在生活的品质追求和提升上，需要精细化设计，在精细化指引下的设计工作还有很多。

建筑设计行业亦该如此，不是把图纸画完、把大部分设计费收完了就结束，而是要对现场监理、指导等负责，把一些具体的服务能够往下延伸，使设计能够真正落地并保证很好的实现度。另外，建筑师、设计师还应该对原创设计中的一些节点、技术进行进一步研发，为制造型企业提供思路、想法以及由此可能实现的产品，尽一些社会责任，在提升自身的同时，亦帮助中国制造业走出创新之路。

戴昆

慢下来的节奏让我们更有机会贯彻一直以来希望在研究和标准上获得的提升。如我们正在几个研究方向上寻求突破。第一，对于 50 后、60 后的人群，面临老人去世，子女念书，家庭人口结构距离的变化。过去三室一厅的房子，可否在不改变墙体水管的前提下，对户型进行变化，提高使用强度。第二，我们做了 500 户问卷，调查居住在不同面积类型的住户其所有的家庭生活细节，得到一些平均指数，对于改进居室设计具有很重要的指导意义。比如，将鞋柜放置在玄关处的容载量目前平均是 22 双鞋，但其实放置 30～40 双才是今天人们最需要的，这需要对设计进行改良。从调研和消费者分析中得到的这些数据再经过量化，指导我们的设计研发和标准制定，是一个很重要的动力。

业务量和工作量的下降，正是每个设计企业提升自身，提升企业标准和制度标准的重要时机。也是一个练兵的大好时机。待我们兵强马壮，并将技术标准大幅提升，便能在更合适的时机下更好地服务于社会。

杨邦胜

对于企业竞争力，我个人有三点体会：

第一，企业文化的塑造。企业文化是一个战略性问题，牵扯到方方面面，包括愿景、设计理念、人文关怀等。

第二，管理。管理太重要了，公司的每个阶段都需要有管理。到一定规模后，没有管理，更是万万不行。设计师需要管理，设计项目也需要管理，组织架构更需要在科学管理下不停提升。只有架构、流程做到位了，设计项目才能够顺利着地。

第三，最核心的还是企业的品牌。这涉及企业的品质、作品的品质等，关键在于人，人的创新和创意。

罗劲

最近有两件事是我比较关注的。

第一，设计要更加注重人本主义，更加注重人文关怀。首先，作为一个设计师，你应该将你自己的空间打造成一个非常强烈、具有宣传效果和视觉震撼力的样板，让你的客户进入到你的办公空间中，能够获得所有其想要的东西和感受，包括材料、家具、灯具、配饰等，而你的设计更要传达出人文关怀的品质。

第二，国际化、精细化。我在日本留学工作的时候，深深体会到日本设计师们都养成了同一个习惯，那就是从思考问题到设计方法都要做到精细、极致。他们就是一个宅子接着一个宅子地精细去做，我们要学习这种态度和精神，把设计真真正正扎实地做好。

沈雷

对于一个小型设计公司来说可以秉承八个字：上善若水、无欲则刚。降低物欲，获得一种好的方式，内心要怀揣工匠精神。

设计公司做大很难，但做小也不容易，所以要控制物欲，认认真真把设计做好，同时每位设计师都要学会健康的生活方式。

王宇虹

第一，对于未来形势的变化，不同设计公司有不同的策略，会根据自身的特点，找到适合自己的路。无论什么类型的设计公司，服务一定会被提到非常高的地步。没有好的服务，公司的业务来源一定会受到影响。设计公司的专业定位也很重要，要在细分领域建立自身的竞争力。对于大公司来讲，可能更需要整合，以此做到更全面，覆盖多个领域，但关键还是要找对人，把不同强项的人整合到一起。大公司的股份制度设计和激励机制也是吸引优秀人才、留住人才，让公司持续稳定发展的重要路径。

第二，品质，无论做哪一层面，品质都是最重要的。

沈立东

对于设计企业要不要迎合资本化的进程，我个人认为，设计企业做到一定程度，通过竞争力的提升首先要树立的是品牌，资本化会加强品牌的建设，并且为多元化带来一些严谨性的约束。归纳起来，资本化对于设计企业的发展有三点作用：第一，对品牌宣传有好处；第二，对整合能力的加强起到重要作用；第三，我国设计企业为什么很难和国外企业"PK"，究其原因，是因为我们的研发能力不够，而资本化以后带来一定量的资金，将对研发的加强带来有益推动，包括对工业化进程的推动等。

归纳出"未来中国设计企业模式"这一议题的关键词如下：
上善若水，厚德载物。
现状——机遇、挑战。
未来——人、品质、竞争力（品牌）。

人文关怀——人的潜力充分发挥，人的创造力与生产力充分培育，人的价值观的形成。

竞争力——管理、人、设计门类的专业化、资源整合的能力、企业文化、创新。

品质——专业化、专项化、精细化、全程化。

规模——大中小兼优；大而全、小而精。

资本——品牌的树立、整合能力的加强、研发能力的提升、规模的进一步做大。

国际化——中国文化的沉淀、中国品牌的输出。

未来中国设计企业发展应根据自身的实际情况寻找一条适合自身发展的道路。

设计与评奖

07

设计与评奖

创基金理事：梁建国
圆桌主席：刘峰
出席嘉宾：黄静美、谢海涛、庞敬枫、赖旭东、王炜民、
陈红卫、陈明、温浩

引言：

高速发展的今天，中国设计也遇到了一个空前的好时机——中国各个行业开始普遍认同设计的存在价值。与此同时，中国也出现了各种设计类的相关评奖，其中有商业的、媒体的、品牌的、社会的、公益的、个人的等等，它们种类很多且标准不一。各个行业也通过评奖来刺激设计的反馈力量，这些评奖对设计到底有帮助和促进吗？它们的真实性、含金量如何？能不能把我们业内各种协会联合起来，在中国创立一个权威、专业、唯一的设计奖呢？

观点总结：

1. 对话分为"批评"，"反思"和"建议"。
2. 批评的是：设计评奖评审机制的严谨度缺失；奖项的真实性；评委和参赛设计师水准的混乱；缺失学术性等等国内设计评奖乱象。
3. 反思的是：对于行业发展的指导性；社会普世价值的关照性；发现设计人才的前瞻性等等设计评奖的核心价值。
4. 给出的是：符合赋予奖项应有的价值取向；如何增加奖项的权威地位；如何传播东方生活价值观；如何打造普世层面的号召力等诚恳且可实施的具体建议。
5. 我们的结论是：联合一切可以联合的力量，对话一切可以对话的群体，嫁接一切可以嫁接的资源，形成合力，本着系统化、严谨化的学术态度，跨学科地鼓励设计创新；建立评委邀请、参赛审查等严格的监督机制；站在自身文化语境下，传递设计精神和民族生活的态度，推人胜过推作品。

梁建国

站在设计师的角度，我这几年特别怕去拿奖，奖项的分级、公平性等一系列问题，都会让人感到困惑。

设计与评奖真正核心的问题是什么？我认为是尊严，这涉及民族的尊严，也涉及我们自身的尊严。我认为这是责任的问题，我们是中国人，我们有责任为这个国家做点事。每一个人的成就也是来自国家、社会的，所以我们要去回报。

就设计评奖来说，方向是很重要的。中国应该有一个国际性的奖，创基金的目的也是为了这个。世界上几乎没有哪个奖不是商业操作的，但他们都有很强的标准，不会被商业所左右。因此，我们设定的奖项一定要有风向标，要能解决一个设计主题，并且要有监督机制。现在很多奖都没有监督机制，我们要建立这个机制。对于如何组织好一个奖项还需要有更多的专题讨论，并和专业机构形成联盟，共同努力。

至于"魂"和设计评奖的关系，我认为，不管是一个空间，还是一个人，能打动我们的就是魂。诺贝尔文学奖的获奖者，当你读他们的作品，你会反思自己，修正自己，这就是魂。

陈明

从媒体的角度出发，我感到虽然国内的奖很多，但让人印象深刻的，且在行业内受到认可、有水准的却非常少。奖项的水准关乎评委的构成，和这个奖的系统设置。还有一些企业为了推广也要做一些奖，造成更为混乱的状态。一个奖项需要从参与者、评委、制度体系和标准都能够优质、连贯，保证公正性，才能是一个好的奖项。

这几年我们的设计行业是在不断进步的，就参加国外奖项来看，之前送选后很少能够有被选中的。而现在，很多设计师在国外拿奖回来。虽然我们的行业还比较年轻，但涌现出越来越多优秀的设计师。而且设计师们跟随时代的发展也在不断进行反思，反思本身就代表进步。

奖项的重要作用就是发现。专家评委的思想功不可没。他们代表的就是发现，是高度，是前沿精神，还有当代性。因此我们的奖项也需要有思想高度，能够和国际顶层思想对接，同时树立自己的话语权。

要联合一切可以联合的力量，不断进行国际对话，并且，一定要搭建一个评委和学术性系统。

陈红卫

怎样把评奖的环节透明化，让真正有能力的人获奖，这也一直是我思考的问题。现在的状况是，很多人不是说为了学好专业，服务客户，而是为了忙参赛。这对设计师自身能力的提高是很有限的，而炒作的成分变得越来越大。得奖应该是对专业的肯定，是对独特性、艺术性、引领性的挖掘，而绝不是流于形势。

黄静美

站在协会的立场上，我一直在思考协会为什么要设置奖项。比如说软装是为了商业而设置的，现在我们开始设立陈设艺术，它对设计领域能产生怎样的帮助？能够为推动行业发展做点什么？这是我们一直在思考的。我们想让更多的室内设计师知道，陈设是室内设计师要做的事情，更追求生活的品位。

我们需要通过奖项，去对应行业价值。

判断一个奖项乱不乱，评委很重要。与此同时，一些一直在默默做设计的人，又不一定能够脱颖而出。另一个一直困惑我的问题是谁适合做产品设计类的评委？真正涉及产品设计时，谁可以有这个能力来评？另外，有谁研究过我们现有的奖项吗？比如，我们能不能研究一下金堂奖的优势在哪里，起到了什么作用，CAD 的奖又有什么作用？这样的话我们才能相互借鉴，取长补短，将行业情况及时反馈。

中国真的需要代表中国设计水平的奖项。

王炜民

评奖也是要对社会产生贡献的。我有时会觉得我们的奖项和评审都过于喧嚣，大赛也被过度包装了。但我们的设计界真得有这个水平吗？受得了这个福分吗？针对明年我代表我们协会将组织一个杭州本地的大赛，我写了一个报告，主要目的是要形成一个严格的组委会制度，完全按照奥运会的形式来办，所有的花架子，全部都去掉。

奖项应该是有引导性的，并且能够向世界去传播我们的东方文化。明年我们的年会主题是"朝东"，以讨论东方价值和东方的观念为主，我希望西方人和东方人能够一起对话、探讨。与此同时，我在大力寻找优秀的设计师，展现越来越丰富的中国室内设计风景。我也很赞同"金麒麟奖"的口号：寻求最好的设计师。我认为，奖不是评出来的，而是寻找出来的。

温浩

我认为在目前国内的奖项中，有两件事情不可以逃避。一个是奖项的行政化。这是一个怪现象。也就是说得要和政府的一些机构合并，才能让奖项变得有所依托，才能代表国家走出去；第二个是奖项历史很短。历史是一个很重要的要素。国际的四个重要设计奖项都是历史造就出来的。一个好的奖项需要时间。

就奖项设置来说，价值体系要明显。不同的奖项应有不同的代表，比如有针对职业设计师的，有针对专业地位的，价值趋向、立场主张都要很明确。

我认为，真正的核心是话语权的问题，要建立权威设计师与权威奖项的关系，不是为了虚名和奖金。要坚持的是，奖项代表的是一个行业的水准，如果我们中国没有一个顶级的奖项出来，就说明我们中国设计行业还没有成熟。奖项成熟了，设计行业也就成熟了。这是我个人的观点。

另外，是不是请几个国际评委就算是奖项具有国际化水准了？我认为目前的奖项都还没有做到，整个行业还不够成熟。我们现有的奖项对国际没有形成号召力，要全球设计师都能来参加的，才是国际化的。中国的奖项要对全球具有吸引力，首先要有我们的差异化，既要有自身鲜明的态度，又有具备东方的价值观，同时一定要在国际化的原则下操作，才能让国外的设计师觉得有吸引力，愿意参加。我们要面向全球，做出具有中国特色的奖项。

这个奖项不一定会因我们而建，但需要我们提出问题，由此指引对于未来的思考，进而可能会推动诞生一个重要的奖项。再经过互联网平台放大，或者创基金中的各位伙伴们共同支持，发展壮大。

应该建立一个有高度、有文化、有主张的奖项，推出新人。作品后面的人更有价值。

谢海涛

金堂奖的价值观、操作方法和路径都很清晰。金堂奖认为，设计初衷是什么，必须有主张，在作品中有所表达和呈现。设计创造价值是我们提出来的，而且并不是空话。室内设计最本质的是让人用，给客户解决问题。应该说不管做得怎么样，但设计是要有鲜明的想法的。金堂奖五年如一日，从来没改过这个初衷，而且也是由一个系统来支撑的。

庞敬枫

我做纸媒，十多年间一直在世界各地跑，去过国外各式各样的展会。开始的时候，因为知道我来自中国很受排斥，因为他们会觉得我们没有原创设计，是来抄袭的。从那个时候，我便暗下决心，要把中国的优秀设计带出去，让外国人看到中国的原创力量。我的这个初衷很纯粹也很执着。带着这份初心，创基金的十位老师在米兰的集体亮相终于实现了，真正体现了中国的原创力量。如今，当我们再去国外展会的时候，更多是外国人主动请我们参加，这也是中国设计展现能量的一个重要转变。目前我们在组织的展览不只局限于室内，还把时尚、建筑等一起结合进来。

刘峰

设计奖项的价值之一，是教育大众。我认为，这是很重要的一点。让大众通过参与设计奖项，具备独立思考和美学鉴赏的能力。只有大众不容易被忽悠了，评奖中的潜规则才会没有。比如，日本在1956年成立的优良设计奖，是65%的日本普通老百姓参与和认可的奖项。好的设计奖项应该具有普世层面的号召力，这也是设计奖的价值之一。另外还要从全球视野出发，并立足东方价值观和当代性，这是我们做好设计奖的另一个价值。

"朝东"这两个字说到心坎里了。全球的设计文化，包括生活文化，也在朝东。今天的东方文化在展开过程中，需要资源整合，形成合力。对普世大众审美的教育也是设立奖项的价值所在。从我个人出发，我觉得有必要设立一个奖项，并不仅是认可设计师的作品，更是用来激励勇于尝试的精神。

谢海涛说到了奖项的运作压力，但他通过嫁接整合资源，把情怀通过商业逻辑进行实现；王炜民、黄静美、温浩、都提到了学术和系统。这正是今天的设计奖项非常需要的。陈红卫老师一直在说，就是新人，一个好的设计奖项就是发现人。梁建国说到了"魂"，以及联合与对话。

设计行业协会、学会的作用

08

设计行业协会、学会的作用

创基金理事：**林学明**

圆桌主席：**杨冬江**

出席嘉宾：**刘翔、叶红、王铁、来增祥、王明川、王琼、李宁、沙士·卡安 Shashi Caan、Sebastiano Raneri**

引言：

在以信息技术为核心的知识经济时代，全球化所带来的文化趋同性以及不断更新的技术和观念，迫切需要我们以一种全新的视角审视整个行业的发展方向，以更为宏观、更具远见的可持续性视野来改善现有的观念、目标和程序，整合资源，更新体系，促进行业整体水平的提升。其中，协会、学会发挥着举足轻重的作用。

观点总结：

（一）观念与职能的转变

1. 一业多会的竞争态势，需达成协会间沟通、合作的共识。

2. 政府向市场的转化，这是执行的关键。

3. 自身系统规范性的缺失。

4. 协会领导力的提升。

（二）协会自身的发展（鱼与熊掌）

1. 协会自身的魅力。

2. 会员资源的盘活。

3. 政府企业的纽带。

（三）协会与基金会

1. 财团法人与社团法人的关系。

2. 目标。

3. 轨道。

（一）观念与职能的转变

杨冬江

今天我们讨论的问题是新形势下学会、协会的求变之路，实际上也可以叫作学会、协会的作用。它涉及三方面的议题。第一，协会观念与职能的转变。观念和职能在新形势下如何去转变？是大家围着学会转，还是大家围在一起求发展？我想用"同音共律"阐述我的观点。所谓"同音共律"，大概是指协会的职能需要从为设计师服务，转变为大家产生深层次的共识和认同，从而共谋发展。第二，作为协会也要求发展，鱼和熊都能够掌握好才会发展好。第三，协会与基金会。协会和基金会的不同是什么？创基金的发展方向是什么？不管是学会、协会还是基金会，都应该有自身造血的功能。而基金会不能做得和行业协会一样。

王明川

协会的功能，实际上是协助会员的发展，同时作为政府跟会员之间的一个船闸。但为什么协会要寻求自身转变，是因为协会之间也存在竞争，需要改变自身，寻求共融与合作的多种可能性。

刘翔

中国的协会从20世纪80年代末到现在，从1000多家，增长到7万多家，速度之快令人咋舌。我认为，协会职能转变恰逢时机，一是要市场化，二是要民间化，和国际接轨。由于民间化和市场化，鼓励一业多会，从而激励协会在竞争中提高服务的质量。我们的协会也在往这个方向努力，一方面要符合国家的发展方向，另一方面我们正不遗余力地学习发达国家的协会组织，从而和世界接轨。

李宁

既然我们允许一业多会，就需要各个协会必须努力把自己的工作做好。如何做好？有以下几个方面：第一，提高协会自身素质。第二，确保协会的活动能吸引设计师，而不仅仅是吸引人家来拿奖、拿证，要吸引设计师前来是为了提高设计水平，并且也确保能实现这一目标。一业多会的人能够坐在一块开会，说明我们都是团结的群体，是共生的群体，是共同提高设计师能力的群体。只有在这样的大前提下，协会才能做好。

在转变方面，我认为组织结构需要更新，80后和90后必须担当重任，并把设计托举到公益性的高度上。

王琼

学会和协会组织，都亟待系统的建立和规范的标准，起码需要底线的标准，这是我非常希望协会和学会所做的事情。另外，学会和协会需要有明确的分工和界限，也要有自己的特色和差异性，避免重复。

王铁

中国设计界的协会和学会走过的30年可以说是实验性的，看似热闹，但每年所做的活动都没有后续评估。那么，我们后30年该怎么走？我认为，行业协会和学会要活下来，必须靠提高自身的素质。行业协会、学会的带头人必须是具有理论能力的研究者。有了理论，中国的设计才能走入下一个阶段，否则就会停留在过去的模仿和自娱自乐上。另外，行业协会不能永不换届。总之，不管协会还是学会，都一定要具有研究能力，能够引领中国设计真正具有国际交流并且与国际同行相较量的实力与能力。

林学明

行业要市场化，要民间化，要一业多会，那么到底会落实在哪个点上？行业学会、协会能不能真正起到管理这个行业的作用？据我所知，在美国有些行业管理是非常严格的，纽约满街都是行业的旗帜、峰会，这个是非常有效的。比如有一些设计师不遵守其所在行业的规则，又比如这个行业没有能够起到对他们行为的制约和约束，那么这个行业协会就没有凝聚力。行业协会本身要能够起到保护行业基本利益，排除恶性竞争的作用。我认为这是关键。

来增祥

以意大利为例，设计行业的行业协会真正开始与 1969 年，然而经历 40 多年，直到 2013 年才正式被国家认定为协会。经过这么长时间的努力，才能得到今天的成果。

沙士·卡安

协会的功能包括以下几个方面：第一，是服务于设计师，让设计师们聚在一起；第二，是提供专业化的标准；第三，为设计师提供资源，使他们可以和其他人交流；第四，是为设计师提供帮助。协会要做很多事情，也要经历很长时间，才能被行业接受和认同。对于设计界的未来，其实我们每位设计师都需要协会的帮助，我也希望，能够让协会组织可以影响到我们的生活层面。

（二）协会自身的发展（鱼与熊掌）

杨冬江

鱼与熊掌是否可以兼得？如何兼得？即协会既要有收入，同时又必须为行业发展带来真正的帮助，该怎么去做？

王明川

以台湾来讲，协会组织一般都是民间的，不受政府的影响，都是在自己规划的职能框架下进行管理，同时也受会员监管，而会员也会很有影响力，他们会自动监视、监管协会的政策和走向；而协会的会长以及带动人会在这种机制约束下，也会把自己的理念注入其中。台湾的协会和学会，在国际交流和学界交流方面都做得比较频繁，盈利维持得还不错，唯一问题是有些萎缩，行业景气度不好的话盈利也会受到影响。因此，就需要协会的核心管理层进行创新并且开拓资源。协会要有其灵活性和流动性。厂商作为会员，也是支持协会的重要组成部分。

李宁

通过协会的力量，要做到的是让设计师的地位得到真正的提高，真正得到应有的社会地位，这样设计费才能有所保证，设计的项目也能够得到重视。协会只有做到这一点，对整个行业来讲才是真正有益的。第二，设计师的地位提高，与企业的结合才有可能。

王琼

行业协会要做的是保护设计师的权益。

王铁

行业协会该如何经营自己？我认为，首先要树立职业标准，遗憾的是，这么多年过去了，我们始终没有建立起这个标准。中国创造了全世界都没有的家装设计，却没有办法给出一个标准，所以我们又返回到院校去找教育所出的问题。这时我们会看到，大量室内设计专业获得的都是文学学位，但这些学生毕业后所真正做的却都是工学的活儿，这不是一个简单的问题。如今，室内设计的风向标已经变了，很多老路也已经走不下去了，需要重塑空间的概念，并且变化不同的角度，去理解空间结构，并且大幅提升审美水平。与此同时，正如我一直强调的那样，协会也要建立新的概念，且协会的掌门人必须像国外的总统那样有个人魅力和专业能力。能够带领大家，引领行业，所需要的实际便是全方位立体的能力，能宣传行业协会，能为协会企业提供切实的帮助，还能筹到资金。

林学明

协会市场化、民间化，但到底协会能争取到多少的管理职能，也决定了未来协会的发展。我的理解是，协会应该带领企业，保护企业的利益，可能将来还要面临与政府调解，和政府谈判等；如何保障行业的发展，同样也取决于政府给协会多大的权利，让协会发展有更大的空间。国外协会的行业管理对应着行业规范、行业秩序，依托的是法律。而我们的协会最需要的就是这些。

沙士·卡安

协会应该充分发挥专业的作用，也要跟政府合作以影响整个社会。在中国可以做的事情很多，不一定靠政府的帮助，我们可以在发展中摸索，形成规范化的体系，并以现实来影响我们的生活。这也是激励我到中国来学习的地方。

（三）协会与基金会

王明川

协会和基金会应该相辅相成。

刘翔

当前协会的职能转变恰逢时机，因为我们在发展。如何转变？第一，是脱钩，已经不是停留在说的层面，而是提升到议事日程，并开始进行试点；第二，要提倡市场化和民间化，这两者都要和国际接轨，就这两点来说，我们要彻底改变。第三，是一业多会，原先一个行业只有一个协会，不能再成立第二个协会，即使有的话也很少。现在提倡市场化、民间化，一个行业可以有多个协会，从而促进良性竞争，会员可自主选择协会，促进协会发展，提高服务质量。我们要学习世界协会组织的先进经验，既符合国家的发展方向，同时又要和世界接轨。我的建议是基金会公益行为要让资助者觉得与之切实相关，同时也能支持协会的发展，共同推进行业的进步与发展。

李宁

第一，做最有情感的设计师，希望通过创基金会呼唤倡导出来。

第二，最大范围地用公益私募基金为行业做一些实事。

王铁

基金会在中国的起步时间其实是晚于行业协会的。基金会所做的几乎就是赠予、捐赠，而行业协会则不是，行业协会是服务性机构，他们本质是不同的。但今天为什么基金会和协会能够变为一个话题？因为，它们可以互惠互利，共同推进行业发展。政府也需要在监管的前提下鼓励它们，坚决抵制违法和贿赂。行业与基金会要联合起来，带领从业人员，替从业人员说法，真正做到在法律上、技术上的团结。不管是基金还是行业协会，关键是需要真正有智慧的引领者。

室内设计职业价值观

价值观

09

室内设计职业价值观

创基金理事： 梁景华
圆桌主席： 萧爱彬
出席嘉宾： 凌子达、满登、王心宴、郑仕樑、何宗宪、
倪阳、陈林、袁晓云

引言：

有人认为设计师是有钱人的仆人，协助土豪花钱去享受，是助长一些奢华生活的元凶，真的是这样吗？又有人认为，根本不需要设计师这个行业，建筑师把空间规划好，交给施工队装修，再增添一些家具便可用，确实没必要浪费一笔设计费给设计师。又或者是，设计师把建筑空间梳理及优化，提供合适的室内环境，以便能舒服地进行各式各样的活动，不断改善及提升生活质素，这是否就是他的职务？在社会上，室内设计师到底扮演着什么角色？他的存在价值有多高？对社会有贡献吗？这次我们需要深入探讨一下！

观点总结：

（一）为谁设计？

1. 为消费者
2. 每一个阶段都在修改自己的"为谁设计"
3. 为自己而设计
4. 设计师就是医生
5. 为弱势群体服务

（二）设计的最终目标是什么？

1. 人生的目标在不断变化，好的作品是最终目标
2. 回馈社会和家人
3. 改变生活，改变周围的人

（三）设计师的社会责任是什么？

1. 环保
2. 少接项目，把项目做精彩
3. 传递新的文化、美
4. 国家资产不可浪费

（一）为谁设计？

萧爱彬

关于室内设计之职业价值观的话题，主要会涉及三方面的内容，第一，室内设计为谁而设计；第二，设计的最终目标是什么；第三，当代设计师的社会责任是什么。

袁晓云

我对设计师职业的思考分为四个层次。第一是针对我们签合同的甲方，为这个群体服务；第二个层次是针对甲方所面向的消费群体，最终的设计的目的也是为了这一群体，为他们打造好的产品和服务，因此，我们是为最终产品而服务的；第三个层次，是为公司而设计的，为了形成好的品牌效应；最后，应该是为整个行业来设计，当所有设计师都能做出好作品，中国设计的品牌便指日可待了。

陈林

我认为室内设计是为人服务，为社会服务，为市场服务。我经常说一句话，我的设计不需要设计师来看，我要看我的消费者是否认为我的作品跟消费者本人息息相关，我需要消费者喜欢我的作品。做一个好的设计作品，首先要让消费者喜欢，设计公司才会有长足发展。另外，我认为，设计师更应该用工匠心去做设计。与纯艺术家有所区别的是，我们是间接艺术，除了画出图纸，还需要和很多人配合。总的来说，我们是为群众服务的群众设计师，产品应该有销量。

凌子达

很多年轻设计师都会问我同样的问题：怎么样去经营一个公司？或者怎么样去发展一个公司？我总会给他们一个非常简单的回答，那就是：珍惜你手中的每一个项目，不管是大项目还是小项目，珍惜手中每个项目，这是一个正确的态度，正确的价值观。对于经营公司来说，也是正面的风向标。

当我们讨论为谁而设计时，我的第一反应是：当然第一个是客户。事实上我们也希望完成心中的梦想。但是毕竟设计就是一门应用艺术，如何让客户、使用者，甚至设计师自身都感到满意，才是正确的方向，也是一个设计成功与否的重要方向。

对于设计师来说，肯定要满足客户的很多要求，但我总是保持一种能够拉回我们最想要的那个初衷的清醒，这也是商业和梦想之间的平衡。我认为，这是必要的。

梁景华

我认为"为谁设计"这个命题根据时间节点划分有三个阶段的解读。第一阶段是我们刚刚毕业出来的时候，也就是刚刚工作的那个阶段。当你做完一些项目，自己成为老板的时候，是第二个阶段。自己经营公司很多年后又进入到第三个阶段。第一阶段的时候基本不知道为谁设计，只是打工的状态。能够走到第二阶段的是因为反思并希望自己做得更好且有所贡献，这时候就该真正思考为谁设计，设计给谁用。经营公司一段时间，会发现公司运作成为最大问题，也是发展源动力。这个时候虽然也说说设计为社会，但那都是借口而已，可能真正的目的是为了自己。设计本身也是一种商业行为，这无可厚非。但随着公司的不断发展，个人所积累项目和经验的增加，到第三阶段就该是质的提升和飞跃的时候了。为谁设计，自然应该上升到为社会、为大众，为改善我们的生存质量。

郑仕樑

设计是要解决问题的。解决问题有很多方面，包括空间的处理、交通流线、各个功能分区、楼层、有没有噪声隔声等等。重要的是，要能环保，保护自然生态，对社会有益。基于此，设计的每个环节都很重要。设计对于我来说，都是帮助解决问题的。很多时候业主是零概念，作为设计师首先要理解他背后想要的是什么，也要理解他是什么人。当你给到他一个概念时，其实整个理念就是解决问题。

王心宴

我认为，室内设计这个行业是在成就他人梦想的前提下成就了自己。我们这个职业就像心灵医生，一个好的室内设计师一定要擅长倾听他人的想法，在此基础上，慢慢消化，吸收到自己的内心和想法中，然后再通过自己的审美、专业、世界观、价值观、品位等，把它们传递出去。设计师还一定要懂市场，服务市场。在这个过程当中，对自己的提升是非常关键的。设计师也要培养自身的兴趣，从兴趣爱好出发，也能对很多实际项目有所帮助。我们看到一些项目中所体现的设计师的表达、感想和意愿，亦是对设计师不同年龄阶段成长的见证。

倪阳

从另外的角度来讲，我认为设计是为自己。设计本身是一个非常复杂的过程，经历不同的阶段，也会充满争议。为谁设计本身是很抽象的，本身会涉及为大众、为社会、为公众服务、为行业服务等等。具体来说，设计是服务到每个人、每个阶段、每个项目，让每个人都经历自身成长的过程，是一步步的积累，且不断综合、全面融合的过程。一开始可能是孤单的，但越到后面越丰富，也会因很多要素纠结。我们的很多设计类型基本都属于为大众服务的，但其中不乏艺术的要素存在，就看你自己怎么选择。为自己设计，就是不断修炼自己内功，不断超越的过程。这其实是永无止境的，要用一生去做的课题，而且每个阶段都不一样。

根据这个的理解，我认为应该从自身做起。我经常回过头想做了多少项目是有价值的，哪些项目达到了什么样的水准。这其实就是在不断修正自己、审视自己。为自己设计，其实就是要用心做设计，经常反思和检验自己，以获得不断的提升。

何宗宪

我的出发点是把设计的对象想象成一个病人，得了病，需要医生来帮他。他可能有不同的病因、病情，也许是商业上的，也可能是价值观上的。作为医生要医治病人，需要有高超的医术，不仅包括知识层面的，还要更具备想象力。因为我们医的不只是商业这么简单，也不仅是客户本身，还包括业务的延伸，以及他的对象等等；要看对方的资源，还要关注我们自身。我认为，设计师要具备医生的出发点，不单单只是完成一次商业的交易，而是在价值、生活中的点滴，以及更深层次的开启等方面提高层次，为我们的生活更加美满、健康、幸福而去努力。

满登

我们应该确立一个观念，那就是设计不是为少数人服务，也不是为豪华服务。在此，我提出一个观点，我们的设计师要为弱势群体服务。比起展示财富来说，让普通人都能享受到好设计和好生活才是价值所在。设计师应该树立起为人民服务的价值观。

萧爱彬

设计师是医生，客户是病人。客户每次过来就是身体有病了、有问题了，想找名医，找好的医生。好设计师就是名医，你收费更高，你是专家问诊，你就要有责任心，你要真正拿出水准、好的水平出来。

我们从第一轮"为谁设计"的讨论中总结出几个有趣的观点：第一，设计为消费者，要有亮点，为消费者创造价值。第二，"设计为谁"是分层次（阶段）的，每个阶段为谁服务的方向和目的都是不一样的。第三，设计为自己，一直要强调自我的修炼。第四，设计为市场。第五，设计师要像医生一样，必须要有真本事，才能为人治病。第六，设计要为弱势群体服务。

（二）设计的最终目标是什么？

袁晓云

室内设计主要还是为了解决某种特定的功能需求，而产生的设计。但由于功能复杂，需要我们去掌握很多知识。

陈林

我经常说，作为一个设计师起码要养12瓶花，春夏秋冬，季节要分清楚。同时，你要看得出颜色，如何从浅变深，或从深变浅。作为一个学设计的人，自己的生活一定要讲究，并不是要买多贵的东西，而是要看得懂、选得好美的东西。我的目标是把我这些年总结的关于美学方面的东西，提供给我的团队，也提供给社会；同时，通过一个作品的设计，以不同的方法去放置一件物品，用不同的颜色去搭配一所居室，让普通人知道什么是美。我觉得这是我设计的快乐、也是意义所在。

凌子达

不同时期、不同阶段，目标也有所不同。从创业初始，到逐渐稳定，公司规模变大，再到不断寻找一些机会做自己喜欢的项目，初衷始终没变，就是保持对设计的热情。设计的目标是什么？简单来讲，就是用心做出好作品，同时也要让公司更长久、更长远地走下去。

梁景华

"为谁设计"和"设计的目标"异曲同工，都是为了好设计，把项目做好。我做设计这么多年，目标就是要完成一个梦。当一个梦想实现之后，还会继续发梦，继续为自己设定目标。这和做人的道理是一样的。设计是一生的事情，不断地给自己设立小目标，不断完成自己的责任。

总而言之，我要做一个不妄此生的人，要有自己的理想，也要有让自己愉悦放松的时间和事情。能在创基金做一些公益，也是一种目标。我未来的目标是我的家人，我还要更加年轻、更加健康、更加独立地往前走，不管是在事业方面，还是在做人方面，都能够发挥作用。

郑仕樑

设计是改善人类的生活素质，理解并诠释现代人需要什么，可以提供什么解决方式，让世界变得更美好。做设计就是透过细节把美传递出去，并和更多人分享。我们要善于倾听，做一个好的聆听者，理解对方的需求，从而寻找合适的方法。

王心宴

对于设计目标来说，我认为，首先应该体现自我价值和精神价值，特别是在文化层面的追求。设计师通过自己的取舍，把对文化的理解和融合体现出来，对我来讲，是一件很有意义的事情。对于东西文化的融合，业界选择和国际大师合作，我认为是一个很好的方式，这种通过合作，将先进的理念与中国文化结合并很好地落地，是对各方的共同促进。作为一个女性设计师，我也希望自己能够为年轻女性起到榜样作用。

倪阳

设计的终极目标，我理解是为了社会公平的可持续发展，这也是我最主要的目标。举例来说，在2015年深圳、香港室内设计双年展上，我们关注的是"城·家"——人与家，家与城，从终极目标来看，就是对底层大众负责。以深圳这座城市为例，它拥有1500多万流动人口，而到春节的时候几乎变成了一座空城，这让我们深深呼唤文化的寄托、文脉的承载，在这座城市，在每个人心中都是不能被磨灭的。一座城市不应该仅仅解决简单的居住问题，还应该包含更多深层次的意义。这是设计的责任，也是设计的目标。

何宗宪

由始至终还是四个字，改变生活，用设计的力量改变周边可以改变的——不同人的生活，也包括我们自己的，我的目标就是这么简单——改变自己除了物质上，且在精神层面的不同阶段能够追求更高的层次。这是设计师应该追求的。《一代宗师》中对功夫境界的解读有三个层次：第一层是见自己；第二层是见天地；第三层是见终生。我们作为设计师需要表现过程，还要体验不同的境界。

满登

室内设计的最终目标是什么？我认为有两个层面。第一个层面，设计师要承担两个功能，第一，要做到功能的全部实现；第二，在功能的基础上把审美做到高境界。功能和审美的境界有没有达到，是我们的指标。我在宁波时邂逅了一位 80 后的设计师，他设计的一座茶馆，和以往传统概念的茶馆不同，这位设计师把茶馆做得非常阳光、时尚且国际化，吸引很多年轻人去拍时尚婚纱照。这让我很意外。一个好的设计师，会让最终的设计超过功能，并在整体功能和精神层面上都得到放大。

第二个层面，作为设计师，挣钱不是目的，它只是一个初级阶段。做设计是不断滋养自己的心灵的过程，随着自己设计观的成熟，以及对社会、对世界看法的成熟，自身获得不断的成长，并且产生好的想法，让设计能够反馈更多人的想法，并且让更多人享受其中。

这两个层面表明，设计／设计师的最终目标，是把自己的理想、对世界的看法、审美能够让更多的人享受、分享，如同赖特的流水别墅，时隔 80 年都还如此经典，那是因为她让所有到过的人都为之感动、动容。设计应该具有这样的力量。

萧爱彬

我们最缺的是美感。正如陈林所说，设计师要通过自己的设计提高大家的审美，对美的表现也是我们设计师的责任。设计师要用设计尽可能帮助社会，提高人们的审美标准。

（三）设计师的社会责任是什么？

袁晓云

这一问题关系到设计责任会影响哪些方面。我认为第一个方面是对用户使用方面的影响，亦或者说是对经济上的影响；第二个方面是对环境的影响。设计师不能以时间短、预算紧为借口，关键是要想办法做出好的设计，避免不利的影响。

陈林

我今年差不多推掉 56 个项目，为什么会如此，就是责任感的问题。当设计规模扩张，同期有几个项目都在外地的时候，如何确保设计品质？因此我们的做法是只保持很少量的项目量，且每个项目都要一年以上，团队坚持在项目本地，确保项目的精细化出品。我希望我们的设计界有一个共识，就是要做精致的设计，且材料的运用一定是环保的。

凌子达

除了材料上的环保，还有从设计上解决生活的问题，也是环保的体现。就专业协作来看，室内设计师在建筑师平面扩初的基础上进行平面优化，完善更细化的设计，这就涉及如何解决功能缺陷的问题。比如，我们有一个项目关于一个 2m × 2m 的卫生间，按原来的设计，门打开后，人几乎没有站的空间，更何况还要解决马桶、冲洗的问题等。因此，我们需要提供一个解决方案，这个解决方案关乎生活家居，以及人的行为方式、生活习惯等，更需要避免或者尽量减少建筑的二次改造等。这都是环保的达成，也是设计师的责任所在。

从平面规划上来看，让原本浪费的空间得到合理的利用，并使其更加舒适，也是设计师的职责所在。我们做这样的事情，解决的不是一户两户，可能是一百户、两百户的问题。能够解决这些问题，需要的是设计师多年经验的积累，在过程中寻找新的思路、方法、设备和解决方案。这是设计师的责任。

梁景华

设计过程中的每个工种都要各司其职，哪怕是再简单的工作。

郑仕樑

设计的责任之一在于能诠释中国文化，同时理念上要国际化，未来是不同逻辑的交流。每个作品都应该被赋予意义，并注重细节。

王心宴

作为设计师的职责，我们首先要是美的传播者，尽最大努力去传达美。对于甲方的话，我们有责任 say no；对年轻的设计师，我们有责任让他们知道，不是每年跳一家公司就是好的，你可以纵观所有设计大师的皮毛，可学不到灵魂和精神层面的东西。所以，还是要脚踏实地做事情，坚持自我的提升。

倪阳

设计师的责任就是，国家的资产不可以被浪费，要通过我们设计师的手改善对资源的利用。

何宗宪

设计要对社会发展起重要作用。概括来讲，就是要重在文化。一方面，要呈现当代的状态，另一方面，要将文化传承融入进来。

满登

空间设计要真正做到生态、环保，可持续是我们始终追求的目标，也是设计师的责任所在。

萧爱彬

综上所述，设计师要有社会责任，首先体现在设计要是环保的，尽可能少的浪费，合理规划空间，合理运用好的材料，让使用者取得最大效益，让人们的生活更美好。第二，把精力集中在做好管理，做好项目上。

设计的最终目标我认为可以归结为两点，第一是个人目标，第二是社会贡献。但不要忘了我们只是设计师，这是我们的职业，除此之外，还有生活、家人、朋友。应在日常中多注意自己的身体，常陪陪家人。全世界的职业中可能加班最多的就是设计师了，基本上每天都在加班，所以一定要关注自己的身体，运动是很重要的。

设计与传媒

10

设计与传媒

创基金理事：陈耀光
圆桌主席：赵虎
出席嘉宾：韩晓岚、饶江宏、胡艳力、孔新民、林松、夏金婷、孙信喜、王兆明

引言:

（一）设计与传媒的关系：非常微妙。

1. 一方面，媒体有义务把设计讲给大众听，说学问或是讲故事。同时，媒体有责任引导大众的审美取向，单方面嘲笑"土豪金"是不负责任的。

2. 另一方面，设计作为一个技术和艺术紧密结合的综合行业，需要传媒作为工具和武器。有此"工具"的设计师效率更高，有此"武器"的设计师利益更大。

3. 传媒能力与设计实力如何保持相应对称，需要建立规避浮夸传播，建立行业公正的自查机制。

（二）媒体现状：

1. 网络时代，媒体的属性和内涵受到最大程度的挑战、颠覆和重建，与设计的接口也越来越复杂。

2. 图书、报纸、杂志时代成为过去，微博、微信、APP 成为主流。

3. 所谓"自媒体"的兴起，使得不同声音的出口更自由。民主的双刃剑也在设计圈挥舞着。

（三）设计媒体的发展：

1. 应该怎么做？

2. 设计媒体需不需要内行人做？设计师需要怎样的媒体关系？"媒体造星"运动有价值吗？

3. 媒体如何促进设计发展？

一系列的问题在牵动着今天的设计圈和媒体人。

观点总结:

三个关键词：

第一个是价值观。这是媒体人的一种社会责任。

第二个是媒体的替代性。主要指传统媒体和新媒体的区别，传统媒体内容优势，新媒体强调的是影响力。

第三个关键词是"媒体 +"。媒体和设计圈的很多事情都有关联。

结论是合作。学习创基金，发起千岛湖论坛。

胡艳力

面对人人都是自媒体，很多媒体都具有商业性的环境变化，我们该如何应对？我们需要正视两方面的事情，一个是外部环境，另一个是媒体自身的属性，与此相对的是商业价值以外对行业的新价值所在。

饶江宏

媒体和任何行业都差不多，只不过针对设计这个行业特殊的属性。中国的室内设计行业特点和国外不太一样，国外是先有一套理论，不管是不是完善，一定是提出一个主张或想法，然后会有一群人为这套理论做各种各样内容或观点的填充，在社会实践中去完善这个理论。但是中国室内设计是从实践开始的，做到一定的程度，会总结出一些结论。

媒体真正的价值是在传递一种价值观，不同的媒体一定有不同的价值观，但是这个价值观有时候在整个社会的角度来讲有一个轴线，我们不会偏离这个轴线，并且大家对这个轴线会有一些立场的诠释。现在从传媒到设计，我觉得媒体应该和行业一起去找到这个价值观。

韩晓岚

因为设计师和设计作品需要被报道，可以说设计师与媒体是有关系的。设计是一个很神圣的事情，是为了改变人的生活，如果设计师用改变别人的生活方式来定位设计师职位的话，就不会抄袭了。

孔新民

我认为未来无论怎么去筛选信息，传统媒体是最好的。互联网只是一个传播手段，传统媒体还是应该加强内容；媒体和设计师应该处理好关系；如果一个设计展没有替代性，这个设计展就没有什么意义，没有什么价值，缺乏批判性。

陈耀光

传统媒体的优势是信息不会像互联网一样泛滥，传统媒体应该继续提供给当代人更便捷有效的信息。但是传统媒体不能排斥互联网媒体。

媒体不仅是传播，还应该引导、倡导我们所需要的方向。

孙信喜

媒体是消费观念的始作俑者，但最终应该回到设计上面。设计在发展上应该有更多的互动，媒体也应该鼓励一些新的物质存在形式和生活方式，设计离不开人，媒体发展也是为了人。人更好的发展是让设计跟人之间有责任感，传播这种生活方式，所以媒体的责任是很重要的。另外，中国的思维跟西方的思维是不一样的，因为我们的世界观层面不一样，我们应该把自己的一些设计资源传播到世界去，就像我们的禅文化，在中国先有了自己的声音，然后传播到世界上发声。我们应该把文化作为媒体未来几十年的发展方向，也是为了梳理出自己的价值观、世界观，传播到世界。

我们应该有一个大的方向，如何引导设计的发展方向，是否结合传统和现代，现代的建筑是否从实用性、装饰化去思考的。设计师应该有自己个人的语言，不能凭空产生出来很多的设计，设计就像一棵树，只有很强的根基才能长高。

王兆明

现在业主在网上能够收集很多设计素材，甚至比设计师更有鉴赏能力，但也可能会造成很多盲目或者是混乱。通过媒体的作用让老百姓的价值观和欣赏水平达到一定程度，才能谈到设计。大家在设计的时候追求文化的信息比较多，缺少文明。我认为文明是人与人之间的尊重、对材料的尊重，对物质的敬畏。很多媒体都在宣扬高大上，但是却忽略了一个老百姓购买的能力和工人安装的能力。

夏金婷

我们到了今天的互联网时代，媒体的源动力变了，它的源动力变成了一个注意力的导向，对设计媒体是有好处的。设计媒体通过注意力可以往审美层面上、生活层面上、价值观层面上去引导。

林松

我们要想对设计主体有深度的关注，首先要深度了解设计师群体的现在、过去和未来的生存状况。我们应该抓住设计本质和核心。我们观察到的事物和做的事情，更多的是在呈现一些结果，比如说案例的呈现，甚至案例的剖析，通过各种各样的论坛进行的案例分享都是一种结果。中国改革开放30年，设计行业呈现一种爆发性的发展。在这个开放的年代，我们接受了大量的外来信息，后来导致结果看起来是很精彩，但是都似曾相识。我认为中国室内设计界应该在设计方法上有一些标志性的沉淀，媒体也要在这方面多一些引导。

作为专业媒体有两方面的技术要求，第一要懂传媒，有文字、编辑功底。第二个要懂设计专业。现在招聘的人员基本上都是中文系、新闻系，对室内设计这个行业完全不了解。

赵虎

我提取了两个关键词，第一个是价值观，第二个是替代性。我非常同意替代性这个观点。在信息爆炸的时代，很多信息都是垃圾，通过筛选出的信息拥有不可替代性。另外我认为媒体联合起来影响力会很大，如果可以帮助中小级的设计师成长会更有意义。媒体联合起来评选奖项会更有影响力。现在的设计信息很多是没有用的，设计师需要有非常强的辨别力才能在很多信息中挑选出有价值的。

互联网时代，我个人倾向于奔着屌丝（年轻设计师）去，而不是奔着大师去。年轻设计（师），才是中国的未来。

我建议做类似于博鳌论坛、达沃斯论坛这样性质的千岛湖青年设计论坛，我们通过这样的活动和平台，致力于推动中国设计的发展，推出中国年度设计师。同时这一定是以合作为基础，与媒体的合作是重中之重，也势在必行。

对于媒体联合举办活动的观点：

胡艳力

对于媒体联合举办活动，我认为应该以个人的名义加入比较好。

赵虎

媒体的合作非常重要。如果一年有一个机会，大家在一起合作发出声音，推动年轻的设计师，这个力量会很大。我比较倾向于举办类似于博鳌论坛、达沃斯论坛，每年举办一次，通过媒体来推动设计师。媒体的形态已经发生改变，但是没有到质变的时候感觉不出来。我们对媒体未来的形态有一个基础的判断，再结合媒体的社会责任，替代性和合作。

孔新民

做评选活动是为了让年轻设计师成长，而不是为了名利。

孙信喜

这个活动应该是公益性的。通过媒体合作让一些人通过商业获得利益，是媒体在下一个阶段可以帮助设计师做的。我觉得是媒体怎么发展，社会形态怎么去发展，跟人之间的关系，人心里面沟通的方式不会改变的。左翼媒体最重要的就是如何去引导人和人之间的关系，如何让你的生活更加的简单，人人都更好。

林松

媒体最大的价值就是资源的整合。将资源变现是整合资源的目标，以品牌的身份更有实力。

胡艳力

选择品牌还是选择个人，其实直接地决定未来要整合的内容。现在人人都是自媒体，有很大的影响力，以个人会比较好。

夏金婷

我们现在买东西太方便了，实体店都没人体验了。各个品牌在做体验店的时候都非常注重体验，让你在这个空间里面待的时间越来越长。而且现在的业主跟以前完全不一样。

陈耀光

传统媒体不像互联网那样信息泛滥，它依然保持自身特有的优势，应该在新时代中拿出勇气继续发力，给当代人提供更便捷更深入的有效消息。但同时传统媒体也不能排斥互联网媒体。媒体的发展核心其实就是媒体的责任，媒体不仅是传播，还要引导、倡导这个时代所需要的一种方向，而媒体的思想和观点能影响一个人的精神和信仰，或者价值方向，因而在这个时代更加重要。

圆桌主席观点发布

互联网 + 设计

第一桌主席范凌：

1. 霍金的《大设计》，提出了整个宇宙都是被设计的观点视角，未来的设计行业将回归本源。
2. 设计对人的关注突显，用户视角将作为设计基点。新的广义设计出现，设计师将参与产品的全程构架，这成为未来设计师的机遇。
3. 高科技促就颠覆观念的用户产品出现让手工业更显珍贵，互联网加科技的趋势让未来的设计从业者有机会和条件作为更加纯粹的设计师存在。

设计教育现状与未来

第二桌主席杭间：

1. 澄清什么是应有的"设计教育"。
2. 要积极改变设计教育中的生源和人才培养的缺陷，廓清设计教育的培养层次，明确高等设计教育的使命。
3. 要改变设计教育的趋同和求异，作为一种广泛服务于社会的学科，处理好知识和经验之间的关系，注重思维和系统性是超越体制的改进所在。
4. 充分借鉴国外设计学院经验，结合当代科技对社会生活的影响，重新整合设计知识，改进设计教育体系，着力营造一个未来设计需要的新的人才培养环境。
5. 面对中国设计教育所存在的问题，大家提出了许多建设性的建议，大家一致认为，设计教育不仅仅是设计教育的本身，而关涉复杂的社会因素，因此需要求同存异，追求多元和特色，不要追求绝对真理。

产业发展与设计关系

第三桌主席张宏毅：

1. 为了让设计更好地与产业结合，成为中国家居产业上升的驱动力，设计要体现市场需求，把握消费需求，适应市场价格需求。对设计而言要接受彼此的磨合，对产业而言要认识到这是一条捷径。
2. 知识产权能帮助企业确立核心技术，提升自身创新速度。企业间要适时联盟，呼吁政府专利支持，以保护知识产权。

3. 设计与产业结合存在诸多瓶颈，如设计师求怪求异求洋心态严重、鄙视产业需求、产业精神不足、配合度不高、沟通成本巨大等。

4. 产业界与设计界应注意修护关系并形成良好的互动氛围，让设计成为产业链的始端，让设计满足市场消费者的需求，让设计满足产业落地的可能，并呼唤更多的像今天这样但是有门槛的沟通平台。

再生与可持续

第四桌主席朱柏仰：

1. 定义了在设计议题及设计创新议题中的再生和可持续。

2. 定义了在时间轴中的新与旧，即历史记忆与时代创新，在具有历史遗产价值与自然、地理、人文特性的场所内用室内设计再创人的生活空间经验。

3. 定位了建筑再生之于室内设计的意义，用一种未来导向再生的设计，在新城市结构中的生活空间中再塑新的"记忆"。

4. 将环境保护理念与设计的节能技术——"绿建筑"概念导入再生与可持续设计议题。

打造设计品牌

第五桌主席李鹰：

如孟也老师所说：品牌的打造是一定的，无论是初出茅庐还是经过市场的历练各个阶段，我们都会受益于品牌打造带来的好处，甚至会有无限的可能。再如卢志荣老师所说：一个设计师仅有的资本就是时间，怎么把时间利用好做力所能及的事情，才能换来创作的自由。设计师的个人品牌就是愿意承担，把作为一个设计师的责任背负起来，所以品牌的质量与性格就是反映设计师个人。品牌背后的关键就是设计的灵魂，这也形成了品牌的特征与信念。

未来中国设计企业模式

第六桌主席沈立东：

1. 设计与产业需有效结合，有效结合表现在体现消费者需求，适应市场需求，承受定价需求，以此才能成为中国家居产业上升的驱动力。

2. 保护知识产权无论是设计还是产业皆可谓无能为力，这是政府的事，但设计可与产业携手加速创新，共创核心竞争力，让剽窃追不上。

3. 设计与产业结合只是时间问题，没有瓶颈。如果一定要说瓶颈，只能是彼此的沟通，以及设计价值普及体系。这与国情有关。

4. 产业界与设计界要形成良好的互动氛围，设计驱动产业升级，产业成就设计价值，让"设计+"真正助力产业的发展和腾飞。

设计与评奖

第七桌主席刘峰：

本次对话分为"批评"，"反思"和"建议"。

1. 批评的是：设计评奖评审机制的严谨度缺失；奖项的真实性，评委和参赛设计师水准的混乱，缺失学术性等国内设计评奖乱象。

2. 反思的是：对于行业发展的指导性；社会普世价值的关照性；发现设计人才的前瞻性等设计评奖的核心价值。

3. 建议的是：符合赋予奖项应有的价值取向；如何增加奖项的权威地位；如何传播东方生活价值观；如何打造普世层面的号召力等诚恳且可实施的具体建议。

4. 我们的结论是：联合一切可以联合的力量，对话一切可以对话的群体，嫁接一切可以嫁接的资源，形成合力，本着系统化、严谨化的学术态度，跨学科地鼓励设计创新；建立评委邀请、参赛审查等严格的监督机制；站在自身文化语境下，传递设计精神和民族生活的态度，推人胜过推作品。

设计行业协会、学会的作用

第八桌主席杨冬江：

1. 设计行业协会、学会的观点与职能发生了转变，存在着一业多会的竞争态势，协会的职能需要从为设计师服务，转变为深层次的共识和认同，从而共谋发展。

2. 协会也要自身发展，鱼和熊都能掌握好才会发展好，涉及如何发挥协会自身的魅力、盘活会员资源、搭建政府企业间的纽带等。

3. 明确了行业协会与基金会的法人性质、目标和轨道。

室内设计职业价值观

第九桌主席萧爱彬：

1. 明确了设计师究竟为谁设计，设计师在每一个阶段都在修改自己的"为谁设计"。
2. 明确了设计的最终目标。虽然人生的目标在不断变化，但好的作品始终是最终目标，以此回馈社会和家人，改变生活，改变周围的人。
3. 明确了设计师的社会责任，环保，传递新的文化和美。

设计与传媒

第十桌主席赵虎：

三个关键词：
第一个是价值观。这是媒体人的一种社会责任。
第二个是媒体的替代性。主要指传统媒体和新媒体的区别，传统媒体强调内容优势，新媒体强调的是影响力。
第三个关键词是"媒体＋"。媒体和设计圈的很多事情都有关联。
结论是合作。学习创基金，发起千岛湖论坛。

论坛花絮

2015 中国设计创想圆桌论坛活动现场

创基金理事为圆桌主席颁发感谢证书

十位圆桌主席十议题 观点发布

第二部分

中国设计创想论坛文集

2016

主题：

亚洲情·世界观

由创想公益基金会主办的主题为"亚洲情·世界观"的 2016 中国设计创想论坛，于 6 月 10~11 日在上海圆满举行。创基金十位理事成员与来自国内外设计界的近百名专家、学者、企业精英、知名设计师及媒体代表共探设计现状、发展及未来。圆桌论坛从 2015 年的 10 圆桌浓缩至 5 圆桌，意在聚焦视点、加强讨论的深度与广度。圆桌论坛主要围绕五大议题激情碰撞，有丰富的议题、含深刻的见解。

主办单位 Organizer · 公益支持 Supporting Unit · 活动内容 Activities 06.10 设界圆桌论坛 · C Foundation Roundtable Forum 06.11 创意生活家 · C Foundation Main Forum

June 10-11 2016

CHINA DESIGN FORUM

中國設計創想論壇

第2屆
中國 上海
Shanghai, China

ASIAN SOUL · GLOBAL VISION
亞 洲 情 · 世 界 觀

主题阐述：

如何有效吸收亚洲以及亚洲以外的优质设计文化，并且发现和坚持亚洲设计之东方情韵——最核心与闪光部分；把当代亚洲的优秀设计传播到世界，促进东西方设计良性碰撞、交融，是当下必须研究面对的问题。同时，就中国设计本身而言，以这样一种更宽广的视野，来反观探求设计未来之路也具有积极意义。

五圆桌 五议题
聚焦视点 激情碰撞

01 设计 + 资本 + 互联网

邱德光　创基金理事

琚　宾　创基金理事

范　凌　加州大学伯克利分校讲师　特赞 Tezign 创始人

王　铁　中央美术学院建筑学院院长

瞿广慈　稀奇品牌创始人

吕邵苍　观点设计国际创始人

谢海涛　金堂奖发起人　广州国际设计周策展人

苗　苒　服装品牌 MIAORAN 创始人

陈淑敏　Maison&Objet 亚太负责人

赵何钢　HCM Capital 投资总监

赵剑英　收藏家应空间创始人

林　达　SZC Holdings Limited（山寨城市）CEO

02 设计的当代性

林学明　创基金理事　2016 年度创基金执行理事长

孙建华　创基金理事

苏　丹　清华大学美术学院副院长

杭　间　中国美术学院副院长

赵　健　广州美术学院副院长

童　岚　北京朗道文化发展有限公司总经理

韩望喜　深圳市"设计之都"推广办公室主任

戴　蓓　新浪家居总编辑

马海金　设计腕儿创办人、主编

孙信喜　ELLE DECORATION 家居廊主编

吕永中　中国建筑学会室内设计分会（CIID）理事　吕永中设计事务所主持设计师

吴　滨　无间设计设计总监

沈　雷　内建筑合伙人、设计总监

潘向东　城市组（广州）设计有限公司总设计师

03　创意产业和企业的未来

梁景华　创基金理事
戴　昆　创基金理事
葛亚曦　LSDCASA 创始人兼艺术总监
于　强　于强室内设计师事务所总经理、设计总监
萧爱彬　上海萧氏设计装饰有限公司董事长、总设计师
何宗宪　PAL 设计事务所有限公司设计董事
曾建龙　GID 格瑞龙国际设计创始人、董事
吴兴杰　杭州奥普卫厨科技有限公司执行总裁
方雯雯　奥普家居研究院副院长
吴　为　深圳雅兰家居用品有限公司董事总经理
车建芳　红星美凯龙家具集团有限公司副董事长、副总裁
佘学彬　大自然家居（中国）有限公司董事长
杜芳洁　法国拉菲德堡家具（香港）有限公司董事总经理
胡艳力　网易家居全国总编辑
李道德　dEEP 设计事务所创始人

04　大与小，有关系吗？

梁志天　创基金理事
姜　峰　创基金理事
沈立东　上海现代建筑设计集团副总裁
孟建国　北京筑邦建筑装饰工程有限公司执行董事兼总经理
谢英凯　汤物臣肯文创意集团执行董事、设计总监
倪　阳　深圳市极尚建筑装饰工程设计有限公司董事长
肖　平　深圳市广田建筑装饰设计研究院院长、设计总监
杨邦胜　杨邦胜酒店设计集团董事长
陈　彬　武汉理工大学副教授 后象设计师事务所合伙人、设计总监
张　灿　四川创视达 CSD 建筑装饰设计有限公司创作总监
孙华峰　河南大木鼎合建筑装饰设计有限公司总经理
阮　昊　杭州零壹城市建筑事务所创始人、主持建筑师

刘　涛　金螳螂首席设计师

05　设计情、东方韵

梁建国　创基金理事
陈耀光　创基金理事
陈卫新　南京筑内空间设计顾问有限公司总设计师
金　捷　中国美术学院风景建筑设计研究院副总建筑师
张丰毅　杭州金白水清设计院董事长
孙　云　内建筑设计有限公司合伙人、设计总监
刘　峰　北京风生设计顾问有限公司 CEO
庞　喜　苏州市庞喜设计顾问有限公司设计总监
孟　也　孟也空间创意设计事务所设计总监
佘文涛　北京无上堂艺术文化有限公司创办人
陆　云　福邸国际董事长

2016 五圆桌观点阐述、讨论及总结

设计 + 资本 + 互联网

01

设计 + 资本 + 互联网

创基金理事：邱德光、琚宾
圆桌主席：范凌
出席嘉宾：王铁、瞿广慈、吕邵苍、谢海涛、苗苒、陈淑敏、赵何钢、赵剑英、林达

引言：

我们已经无需讨论设计、互联网和资本之间有多少关系，而是当设计、互联网和资本之间发生密切关系后将有怎样的结果？我们看到，在硅谷最被投资人青睐的独角兽公司（估值10亿美元）中，由21%的设计师作为联合创始人，虽然还无法证明设计可以带来商业成功，但却已经产生了趋势，不论在中国还是美国。然而，最近的魏则西事件，让我们重新反思设计的人性价值。科技与资本之外，我们愈发需要激活最本质的善良、信赖、公平等一系列人文的价值观。这也许是设计在互联网和资本面前的最大价值——依然作为人文、感动与心的关怀。

观点总结：

1. 底线：什么是"设计"最不可被取代的底线？不论是人工智能、互联网还是资本下。

2. 顶线：互联网捆绑资本能把"设计"放得多巨大？哪方面应该越大越好？

3. 困境：是否存在一个固定的设计市场？还是设计是所有市场的增量价值？

4. 成功：如何界定设计成功？商业、社会、人？有没有成功的设计与互联网、资本结合的例子？不要再说"air bnb"了。

5. 失败：有没有失败的例子？为什么失败？这里的失败不只是商业的失败，更是设计的失败，设计的价值观被妥协的失败。向失败学习！

6. 领袖：设计投身互联网、资本就是在更大的平台打仗／合作／博弈。设计师是否可以作为领导者？在商业、社会、政治、资本发挥更大的作用？

7. 教育：我们在教什么？我们需要教什么？怎样才能"不怕"钱？"不怕"技术？

谢海涛

我所代表的中国建筑与室内设计师网有两个互联网创业项目，其中一个是具有设计师媒体属性的，另一个是B2B互联网云端工具。基于这个背景，我对资本和互联网到底放大设计哪些方面的回应是："互联网＋资本"这个平台主要针对设计师群体，特别是我们这个平台上所服务的中国室内设计师群体。对室内设计师群体带来提速的，首先是这个群体获取信息的效益，并由此剔除获取信息的时间成本和无效付出，同时消灭室内设计师群体中相互之间由于信息不对称所带来的差异性。其实我们希望通过"互联网＋资本"的平台介入，把过往云端式、碎片化的个体行为进化为一种个体受到尊重从而能够尽情发挥设计创意的过程，即用平台来解决个人需要付出很多时间的问题。当"互联网＋资本"进入设计产业后，更多在个体作业方式上的变化，可能无法使整体产值立即从1500亿元提升至3000亿元，但是有可能带来2000亿元的增长，对整个项目及其业主的影响，乃至造价都可能带来一定程度的提升，但是这种提升和增长是有限的。

互联网的几个维度：第一个是渠道送达，渠道送达成本低，效率高；另一个是团队，更高维度是区块链，它不是传统互联网的定义方式。设计无非是赋于他人幸福感和优雅的表达与内涵，透过一个设计精巧的弧度，就能够让人们获得全身心的满足，足见一个设计的用心程度。互联网赋予我们让更多人能够思考和用心的机会，也让更多人感知温度。资本在这两个之后，只是快速地跟进催化速度而已。

ID 网现在在做的 B2B 平台是让室内设计师能够在不同的场景下做原创型的研发，这对软装和硬装都适用。这种互联网模式将实现从原创开始，到被应用，最后到实际项目落地的整体闭环。在互联网生态中，当原创本身能够做到在线版权确认的时候，不同渠道应用也将随之形成，其广阔的市场前景不容忽视。通过互联网将设计的原创智慧发挥出来，是互联网之于设计界的重要性所在。资本 + 互联网很有机会将原创产生到项目落地实现闭环，而且可以做得相当漂亮，并体现出高效率的特征。

中城联盟正在推动一个 3.0 版本软装交付拎包入住的互联网供应链系统，让设计师在户型模式上进行原创设计。这些原创设计通过互联网的方式让人们具有自由选择的权利，并对自己的生活产生幸福感。让设计师的原创设计和他们的情怀能够被普通大众分享，就是互联网 + 资本的贡献所在。

我认为资本和互联网可以让更多消费者来感受和消费，反过来，可以用很好的设计，包括设计师本人的才华产生上千倍增量和放大。另外，还要善于利用平面设计的力量。

林达

当"互联网 + 资本"叠加在一起的时候，我认为其实是一种破坏——对现有行业尤其是专业上的破坏。互联网和资本的加入让整个设计行业的门槛变得更低，使之变得业余化，而不是更专业化，就如同任何一个人都可以成为设计师。与此同时，设计师作为顾问的角色，将很难持续。

整个设计行业正在向两个方向发展，一个是向前的方向，即把设计作为一种行动；另一个是向后的方向，即把设计专业变成一个平台。

关于"互联网 +"这一概念，在我看来是一种数字化破坏，这种破坏在设计行业里暂时没有出路，原因是受一种两难状态的左右：大公司和全产业链型的设计公司追赶不上互联网型公司转变的速度；而且，大型设计公司也没有像技术类、科技类公司那样受到投资者的追捧。

这种两难也存在于小公司面临市场拓展的过程中。由于设计本身的人力成本很高，亦很难用技术替代；设计如果变成互联网概念，但同时又不依赖于互联网技术，技术对设计的关联性在于哪里？我的理解是，是否可以用心理学、社会学、设计学方法将技术植入，而不是以技术为主导。

以"互联网＋"的维度看设计，设计本身就是内容，而互联网则变成一种工具。

设计本身在创造价值，问题是我们所创造的价值在现有金融体系中没有任何工具可以评估，所以设计出来的市场或者产品价值是被低估的。设计创造的是长远价值，目的是为了人的生活快乐一些。这个价值有多大，又该怎么计算？我们所创造价值是长远可持续价值，现在还没有一种方式把它和资本对接。

整个资本主义社会是在转型过程中，尤其80后、90后登上主流市场后，消费市场所需要的并不是奢侈和豪华，而是社会责任感。这是市场的一大重要趋势。设计本身如果是社会设计，最终目标是为了达到社会美好，而我们之前一直盲目追求商业资本未必能实现这个目标。反而，我觉得设计行业的创业者或者企业找不到退出机制，是因为一直在A轮到B轮C轮的商业角度思考。

第一，如果社会企业将是一个转业点，设计师应该是一个领袖。第二，好设计产生的是怎样的价值？除了功能价值，内在美的价值已经在逐步提升，设计本身更应该看重结构性价值，即设计是否能够让人获得更好的生活。第三，互联网规则或者标准的问题，现在我们离这一步还有点远。大部分设计能涉及的信息化问题还没有得到解决，而信息化之后才有标准。

赵何钢

从另一个角度来看待"设计＋资本＋互联网"，我想以区块链技术为例。区块链技术本身并不是一个特别神秘的东西，它是一个由密码学＋分布式网络＋一套协议组合而成的综合体，经过近些年一系列技术的开发和升级，得到一系列全新应用，以及对于当今商业社会的运作，为组织机构管理提供新的解决方案和思路。

区块链的核心理念是去中心化和去新人化。今天我们所遇到的很多问题，比如说交易结算低效、人与人之间的互信，以及创意产业面临的版权保护等问题，都可以通过建立一套基础设施得到有效的解决。区块链本身就是一个非常强大的、依托于网络自身计算能力的信任机器。有了这个机器，信任就变成公共产品，而有了这个公共产品，每个人的精力、专长、个性等都能得以充分发挥，进而使价值得到实现。在其之上，也就包含了我们所提倡的人性解放和人文主义精神的弘扬。

由此来看，区块链是可以放到大设计，即顶层设计的层面去看，也验证了设计、资本、互联网其实存在着很大的关联度。

它也同样适用在独立设计师匹配平台上。区块链的去中心化带来一种新的社会组织方式，不仅能够带来交易效率的提升，同时建立信任。在此基础上，原有的协作方式会随之改变，对未来人们的工作方式也会带来改变，即工作不受固定时间和地点的限制，而是通过这套系统和机制自动组建一个项目组并匹配一个团队来完成，因此组织也是动态的，包容了更多有活力的创造。

区块链和设计创意产业息息相关，它首先解决了原创作品版权的保护问题。由于区块链是一个数据库，而数据库是分布式账本，有了这条网络设施后，这个账本分布到每个节点，每个人都能拥有这套账本，获得自制和自主权。当每个人都拥有这份权利时，则变得公开透明，相互之间建立起信任。由此，一个创意作品能够在区块链上得以登记注册，从开始创作到流通至整个生态信息都被完整记录在这个链条上，从而不再会出现今天所面临的版权纠纷，特别在未来创作越来越强调数字化的驱使下，和区块链结合可以有效解决设计版权方面的问题。

如用软和硬重新定义设计、资本、互联网，相对来讲，资本、互联网比较硬，资本追求速度；互联网制定规则，背后是技术，提供框架。设计反而是软的，其穿透力很强。我希望，设计能够更加主动、更加开放地拥抱资本和互联网，可以从里到外，也可以从外到里。

吕邵苍

我更愿意把设计放在整个产业链的前端来看。如设计不和产业进行深度捆绑，那么设计永远不能变成设计产业，而只是单一设计技术，即便是绑定"互联网 +"，也并没有太大意义。我认为，在"互联网 +"的模式下，设计公司最大的机会是要知道如何面向终端用户做事情。而指引设计师的重要引擎是设计思维，只有以设计思维引导行业、引领产品，做产品迭代升级，从而引领消费者，设计师才能把价值放大，并且形成特色，指向更多可能性。

90 后对体验空间以及个性化产品的需求其实很大，而我们的开发速度、管理速度却跟不上这一波的消费速度。设计师需要在对商业逻辑、消费趋势的理解上，结合专项设计能力建构一套综合架构，形成新的体系，突破既有的被动式等待服务，而变成主动创造价值的行动。我认为，设计"互联网 +"是有可能发生的事情，目前仅仅是刚刚开始。

对于创新，整个日本的创新指标优于美国，而中国在社会创新或者企业创新以及技术创新的指标几乎为 0，但是中国在商业模式的运营创新方面是走在前面的。然而，我作为一个设计师，看到日本战败 30 年，在世界上却已经有了将近三代承认的国家级大师；而反观中国，改革开放 30 年以来，用巨大的市场增量和市场发展速度却并没有获得那样的荣耀。到底是什么阻碍了设计师的设计思想和创造力，获得不了国际社会的认同，也没有办法做出一个创造和创新的体系出来。这不仅仅是设计师问题，也是整个社会大系统的问题，包括文化和价值观。

然而，一个有潜力的时间机遇正在形成，就在今天。这个时间点就是小而美时代的开始，人对个性化的需求，对小而美空间的需求，包括各种各样体验空间的需求产生了，设计师完全可以做这个体系的主导者。因为空间体系是引导客户进入这个体系最重要的环节，这是设计师巨大的能力和价值所在。设计师要能把自己放下一点点，站在用户角度出发，研究他们的消费行为。

设计师在互联网体系下正在自主地实现自身的想法和创意。换句话说，他们颠覆甲方找设计师买单的行为，而是主动站在整个产业链前端研究产品，研究消费者由此形成一个体系，由此吸引其他人为这个体系买单。从社会 2.0 到原创 2.0 再到设计 2.0，最终解决消费 2.0，都是在解决这个体系下如何建立原创体系的问题，在这一过程中，设计师要重新回归到设计本身。

对一个专业设计师来说，最大的困难是把所有原来不同的轨道体系结合在一个体系上，共同做好一件事情，这个能力对设计师来说特别难。设计师比较单纯，驾驭人的能力相对来说比较弱，这是目前遇到最大困惑。当这个困惑阻碍你的时候，敢不敢前行？只要在路上，正道正念做事情，应该可以碰到你想要碰的东西。

设计不仅仅为富人服务。

有道无术，术尚可求。有术无道，止于术。在设计之上有一个东西，就是文化，文化背后就是生活。中国人的创造力和创新能力不够，我觉得是因为生活本身不够，我倡议大家包括我自己尝试做出改变，从生活开始，好好地生活，把生活融入自己的血液里，才能产生源源不断的创造能力。

设计，本质上是让一个好的想法或者好的文化体系以一种美的方式呈现出来的工具和思维。资本是让我们的情怀、文化、设计思维，存在于一个放大效益的体系中。互联网就是产生这种连接的重要规则、工具和放大器，它其实是未来能够改变世界非常重要的东西——互联网改变了人和人之间的交流与分享。

王铁
互联网是这个时代所必需的，但问题在于，我们的设计师是在被动地跟进。

关于美丽乡村建设，其实只是局部在做（设计），和整个乡村没有关系，道路规划等设施完全两回事，好像不在同一个地方。城市里面已有标准，而在广大农村几乎是零。很多设计师在这个时候还在做帮凶，而不是努力做系统。可以说，没有一个设计师敢把镜头从空中拉下来看村域的。如何去改变？我认为，农村和城市是一样的，只是分工不同，城市具有的安全设施，农村也必须有。国家要强调这一点，再不做，真的会出问题。我做了两年多美丽乡村，经过调研发现农村存在的问题很多，比如空心户问题，直到现在也没有对空心户的处理办法，于是，房子放着不能动，改造非常困难。而所有改造过程中，都没有对旧建筑的构造评估；看着是文化符号就来保护，却都是一刀切的方式。在今天美丽乡村的设计过程中，很大程度上都是在复制——复制传统。然而，今天谁又会一成不变地穿传统衣服，住传统房子？我们在贵州、湖南所看到的新建设的美丽乡村，全是大进深、小窗户，原有中国家族化抱团取暖式的时代产物。可今天是要看得见山，见得到水呀，这些设计却还是小窗小门，已经不再符合时代发展的趋势了。如果建筑都没有更新、没有创新，人类的发展也就遇到掣肘。总而言之，不能说创新麻烦，我们就不创（新）了。

互联网不可抗拒，但它就是一个工具，不要神秘化。对于设计行业来说，我们面对的是人与时代发展、和现代化设备相矛盾的问题。我们对土地眷恋、对技术及匠人精神的理解，以及对传统文化的理解还是狭隘和自私的，人类未来是没有风格的。那是什么？是科学，让我们获得最舒适、最安全的保障。

中国当代设计行业跟西方相比，特别是和日本的设计师、大学教授相比，研究能力还是非常匮乏的。相较而言，日本大学教授具有研究能力的占 85% 以上。大家每天都在讨论，但是真正能作为有研究能力的设计师，在中国还非常稀缺。相反地，被流行语言控制的设计师却大有人在，他们把设计变成好像设计师是万能的主。设计师不是万能的主！我们懂民情、国政吗？我们理解世界是怎样变化的吗？所以，设计是什么？设计其实是社会最末端的东西。社会发展的重要动力首先是科学，之后是文化，我们是最后。重要的是认知和素质问题，如果认知和素质不解决那是不可能真正提升设计水平的。以乡建为例，我们看到设计师介入进来在很美的地方建了一个美丽的茶馆，但她和农民一点关系也没有。而对于那些残破的房子或者危房，谁对她们进行评估、改善，加以正确的措施？最严重的是上下水问题，尤其下水全是化粪池，谁又对这些进行防范和负责？国家讲卫生、文明、安全，可是哪个设计师讲这个。如果在创基金这个平台，愿意给农村做设计的人，都去进行一些农村调研，且每个人都去做一个方案，放在基金会网络平台上，通过更多人的参与、分享和交流共同提升中国乡建设计。如果能够容载几万、几千万个方案，整个产业就会越来越好。这是我所看到的互联网的力量。

设计，也许是在繁华时代中，而作为设计师来讲，则是一个写生者，更多的人看到表象。也许在座的智者今后需要把目光放到广大乡村，不管用什么办法。也许互联网时代是华夏文明的又一次崛起。

赵剑英

到目前为止，就家居行业而言，虽然整个市场容量近 4 万亿，到却没有一个特别成功的案例。我个人认为，模式如何能够创新，如何能够让更多 C 端用户享用好的设计都是关键问题。设计师的参与其实是在实实在在地改变用户的生活现状。目前从互联网大热、资本大热的现象来看，其实关注的都是生活方式、衣食住行等领域，不论是打车软件，还是服装行业、外卖方面的 APP 等。电视上大热的一些栏目也都是关注居室空间的设计改造，接下来，设计对生活方式的引领通过互联网的嫁接还将会不断深入。

从我大学毕业到现在第三次创业，所做一切就是研究并发掘用户需求，用最敏感的状态感知用户到底需要什么。对于我来说，设计、资本、互联网，用这些工具所做的就是要满足用户需求。前两次创业过程中，我体会到了需要拥护什么；做艺术品收藏、家居销售时，第一件事情就是进入到用户家里，高到政府官员，低到平民百姓，然而看到却是每个人的家居很糟糕。于是，早些年我曾做过一个活动，即一天打造一个家，参与活动的有明星、生活美学达人、作家、程序员、老百姓。在这一过程中，我从没停止过思考：我要用什么样方式切入？于是我又做了一个场景购物实验，聘请专业室内设计师和自己的团队，用专业审美引导用户，发现潜在需求并且满足他们，这对我来说非常重要。设计、资本、互联网都是工具，关键是要用好她们，去影响更多人。我每天醒来都说，谢天谢地我在做我最喜欢的事情，有资本支持。我们融资的时候运气也很好，天使轮的资金几乎是所有拿到天使的项目的两倍，也证明资本对这一领域的关注。

社会多元化不是一个特定的存在。

设计，不可能是单一存在，它是一个循环。首先，我们应该尊重当下。对于互联网兴起，也应该保持一种尊重的心态。创业多年，对我来说，一个人存在为了什么很重要，我们做的事情为了什么很重要，有意义、有价值并能够给别人带去美好正是核心所在。

苗苒

"设计 + 资本 + 互联网"其实是关于速度和数字的问题，即如何用越快的速度创造（越高的）数字。在这种境况下，设计师到底是谁？设计师到底如何发声？是不是设计师都要为互联网和资本服务？当设计一定要被转化为资本的时候，设计师一定不是赚钱的工具。这是其一。

其二，如工业时代伊始，铁路成为当时最先进的技术被大家热议，而随着普及，也就成为自然而然的事情。互联网也是如此，它会发展为只是人们的固定需求。如果在固定需求上一味提倡速度、复制性和如何扩张，它的魔力就会越来越少。所以，我的观点是让设计回归本质，设计师要成为观念、时代的引领者，而不是被资本和互联网所绑架。

用户的需求难道就是终端需求吗？对设计师来说其实并不是。设计师的价值更多在于引导，而不是完成任务。较之国内，欧洲的速度相对很慢，一个 $4m^2$ 的卫生间用一个半月的时间打磨，却是让房子的主人感到引以为豪和充满幸福感的地方。而国内则是以精装修的速成法则加快商品房的销售，把事情快速、成批量地完成，从而加速财富的积累。网购更是如此。但这难道就是生活的本质吗？在我看来，互联网是一把双刃剑，它让我们共享信息，变得平等的同时，又让我们变懒，不愿过多思考，不把设计当回事，而只是一门生意。当成为一门生意，就是资本席卷的过程，把一切变得容易、粗暴、简单化。

很多人应该都看过《寿司之神》这部电影。它描绘了一座全世界最落魄的米其林餐厅的主人，每天还是坚持清晨骑自行车去市场选鱼，而选鱼的卖家也同样让人感动，他们一辈子就做一件事，卖鱼。一生坚持做一件事，让自己慢下来，慢下来才能思索真正想要什么，真正的优质生活是怎样的。

说到教育，欧洲的教育观点是要知道什么是幸福，不管是成为大师，还是种好菜，只要幸福就好，追寻幸福感，而不是被数字和效率所绑架。设计价值一定不是效率和数字。而我们现在缺失的恰恰是设计本身。在无限效率创造无限数字的游戏中，设计的慢和精是最需要被呼唤和找回的。我要强调的是，把速度降下来，不要那么快，设计是需要被悉心打磨，而设计的价值不只在简单的数字上。

设计是为人服务，今天谈的设计更多是让我们能往前走的设计，并不是朴实化的设计。一个瓶子是设计，一切东西都叫设计，但它是真正的设计吗？设计就是创造让人的生活变得更好，同时还要能引导别人。放下包袱，走自己的路，说大家都能听得懂的话。

陈淑敏

资本和互联网可能在破坏设计，或者我们在想，到底未来会是怎样？让我们从艺术角度来看看设计、资本、互联网的关系。追溯到 15 世纪的文艺复兴时代，当时存在着"艺术 + 资本 + 教会"的关系，那个时候的教会是教会最黑暗的时代，拥有最多权力和金钱，让艺术家进行不同的绘画和雕塑创作。那个时候所有艺术家都在画同一个主题，因此所谓的原创，不是内容意义上的，而是绘画方式上的，即怎样去画。那个时候没有互联网，所以身在不同国家、不同地方，艺术家彼此都不知道对方是如何创作的，所以也就形成了那个时代的原创。如今互联网已经成熟到一定程度，令人担心的是（它）令很多事情都在被规划、标准化、统一化。

设计是在创造价值，也是在反映现在的价值。设计亦是一个选择过程，这个选择肯定是为人而选择。当资本和互联网能够结合设计时，肯定是有历史意义的。

瞿广慈

不要将设计简单地放在一个设计师的概念来理解，设计对应虚荣性、丑陋、庸俗，就连选秀节目中出现的服饰也是一种设计，但是这种设计引导年轻人的审美。在更早期的时候，特别是民国时期有很多名人都称为现在的网红，影响到中国的精英阶层或者有为青年。电子时代，娱乐明星占据整个社会关注点。然而这种关注大量释放的却是肤浅、庸俗化的东西。

互联网使得知识扁平化。例如 90 后们正在通过互联网认知到很多非常棒的设计品牌。我觉得这很民主。资本最大驱动力是挣钱。挣钱的背后是什么？是解放思想。如果把设计和资本加在一起，就是商业模式。设计变成不是单一的学校所拥有的知识，互联网让很多对设计感兴趣的年轻人对设计的认知、审美以及对设计的理解远远超过大学教授。他们中的一些人有可能成为真正棒的设计师，引导设计方向，在互联网和资本的共同作用下成为超级明星，真正主导设计的主流。

我是一个设计行业的创业者，原来做礼品，后来做家居配饰，从 100 元到 1000 元不等，其实就是资本＋互联网的产物。互联网可以让品质很好的东西消费得起。这就是我所说的"设计＋资本＋互联网"真正的能力，如果成功了就成功了，如果失败了就失败了。

科技和人文，人文在前，科技在后。

互联网让世界上哪怕最远的地方都能找到知音，而中国之所以有如此丰富和多层次的互联网逻辑，基于我们的现实条件。

关于资本对设计的介入，最重要的特点在于资本的学习能力很强，但对于在品牌上的建构还需要经过较长的时间。

真正好的消费不存在互联网里面，而应该是早上起来悠然地喝上一杯口味很好的咖啡，晒晒太阳。喝咖啡也不仅仅是咖啡口味本身，它还是一种社交礼仪。喝咖啡的杯子也可以是小众的，特别有温度、有传统，手工打造的。

设计需要精细化的经济时代作为依托，真正的品牌诞生于极端都市化、商业化中心。

给普通人做设计才是变革的，但要把握好时间点。

设计当然首先得是好设计，不管快设计还是慢设计，首先要是好设计。资本是社会智慧与社会资源的集合，如果能看到资本背后具有引导性，或者对于社会发展有一定战略性和前瞻性的特征，那么资本就会有意义。互联网是人性的延伸，人性的分享。在我看来，设计、互联网、资本应该被很好地结合起来，从而让我们的生活从线下到线上都更加丰富。

琚宾

我所关心的一个关键词是困境。这个困境不是我个人的困境，而是可否通过设计，引领互联网和资本产生化学反应，例如通过设计产生人文关怀，给所有人带来可以平等获得的幸福；能否通过结合互联网，给每家老百姓不管在农村还是在城市，都可以快速买到物美价廉和具有幸福感的东西；能否因为新事物的出现，制定一个新的规则，而这个规则游离于政府规定之外，进而推动政府更好；能否通过民间的力量带来改变，让所有人感到更幸福；能否传递内心深处的自由和民主价值。如果这些能实现一个，我都认为是值得努力推动的，要让它持续发挥效果。

我认为设计和多数人享用之间是没有矛盾的，中国把模式和文化重叠后，形成化学反应变成自己能用的新模式；但有一点不变的是，设计永远要解决的是品牌问题。如果能设计好品牌，加之互联网制定规则，资本又加入进来，就可以在三者之间梳理出优雅的关系——设计只要把品牌做好，互联网把规则做好，资本就会跟着。

我们最近做的一个项目，就深深影响了业主。这是在自然生态非常优美的乡村的一个酒店项目。我们不仅小心翼翼地保护了这里的环境，而且将农民的房子收回来，让他们可以好好地安顿生活。我认为，这就是设计师的价值，即通过你的行为影响业主，影响资本投资及他的投资方式，更能影响生活。我认为这是我们为什么把设计放在第一位的原因，因为它是灵魂，只要能掌握这个灵魂，后续跟进就能很优雅。

设计是灵魂，也是品牌价值的所在，运用最新的互联网技术手段制定我们所向往的民主的、公平的、具有人文关怀的规则。这个时候的资本就有了价值，它的价值是正向的，是积极的，进而会让我们具备和谐与优雅。

邱德光

如何将设计市场化，需要有量化，量化不够，市场影响力就会很小。如何量化？设计是否可以被量化？以我个人的经历来看，量化必须有很多资本投入，投入之后没有市场支持，也无法成立。

产品好卖就是对的？其实是错了。互联网淘宝为什么好卖，原因是便宜，要明确定位在哪，才可以做进一步的资本投资和设计。设计、资本和互联网之间的关系里存在最大的问题是，如何量化，谁来量化，谁来做市场定位。

我一直认为设计不是很大的事情，只是一个工具。基本上都有受众面，受众面被放大被缩小，代表着一种社会现象。所以我们不能把自己看得太高。

设计没有好坏，设计反映不同消费者的喜好，只要有一部分人支持你，一点点市场扩大，都是可取的。设计如果定位成这样，互联网资本介入就是让它扩大。

范凌

我既同意设计应该回归设计，也同意设计应该拥抱资本和互联网。我一直在反思，资本和互联网是不是会污染设计，这个问题反过来思考就是：设计能够给资本、互联网带来什么价值？民主、社会、品牌、质量、原创，这恰恰是资本和互联网易失的部分，设计的价值就在于让它们最大化的体现。

在此基础上，我写下四个主题作为继续讨论的引子，第一：社会 2.0，社会创新、农村问题、社会柔性价值，这三个话题定为社会 2.0。农村问题、社会问题、创新问题、制度问题。第二：原创 2.0，所谓区块链或者新的技术架构，这些技术架构不只是技术问题，更涉及技术该怎么支持社会原则。第三：设计师 2.0，设计师在互联网环境和资本环境下如何带来一种新角色的转变。第四：消费 2.0，即要么做品牌，要么做有品牌价值的设计师，现在在这个环境里有人转型做生活方式的平台、生活方式的品牌，还有人正在观望到底是做平台还是做品牌。

争论、分歧、思变、批判、反思，这是我们对于未来的态度——技术主义、解决问题主义、不断回归到更人性、更自我的层面。

互联网带给人类社会一个变化：过去是做一件事情，集结一帮人，自上而下组织好，实现固定目标。而现在是一堆人，不一定有共同目标，却可能被一样东西感动，这时候设计师的价值就会特别大。因为这一样共同的感动可能会让这帮没有商量好的人基于善意、质量干好一件事情，以此鉴定 0 到 1 的差别。这是三者结合的最大价值。我非常赞同在设计、资本、互联网的前面要加上"社会"这两个字，即社会设计、社会资本、社会互联网，这也是设计在资本互联网中的价值。

设计的当代性

02

设计的当代性

创基金理事：林学明、孙建华

圆桌主席：苏丹

出席嘉宾：杭间、赵健、童岚、韩望喜、戴蓓、马海金、孙信喜、吕永中、吴滨、沈雷、潘向东

引言：

何谓当代设计？当代设计绝不是一个以时间为特征的设计范畴，而是一种有核心价值，有历史意义，同时还有形态特征的设计类型。历史的发展是阶梯状的，未来总是建立在过去的基础之上，而当下可能是当代诞生的时刻，也许只是受孕的一刹那。在这个意义上，批判和传承过去正是当代设计诞生的形式，就像人类为了繁衍的做爱行为，是暴力和爱抚、竞争和妥协的完美结合。因此当代设计在未来之中，而今天是我们对未来的想象和实践。

观点总结：

1. 当代性不仅仅是当下，更是对未来的推测和预言。
2. 时代的焦虑所导致的思考和实践。
3. 构成社会的主体发生了变化，个人大规模地出现。
4. 全球化的格局下，思考和实践的焦点发生了变化，追求设计对于人类和人的普世价值。
5. 当代性是对设计的重新定义的过程，丰富其内涵、拓展其外延，寻找新的可能。
6. 当代设计在外在形态上变化的趋势。

吴滨

设计来源于生活、服务于生活，设计师更多的是在工作中积累经验、感受客户的情感变化，最终为客户创造惊喜。什么是设计的当代性？我认为是对已有标准的质疑，从而进行创造。任何一个时代都会有传统，对之前的传统提出质疑便会产生新的标准。对未来的可能性应该充满着开放性，我认为这很重要。

我经常会思考一些问题，今天设计的基础是什么？人的限制是什么？从而推敲未来设计应该是怎样的存在。我认为当下如果只靠传统崛起是不可能的，所以对未来的创造加入与传统不同的特征，进而形成一种新的观念和普世的价值观，便是我对当代设计的一些认知。

如果把设计分成日常设计和非日常设计，我应该是属于做日常设计的，更关注实践，但在实践中也经常会出现迷茫和矛盾，包括设计基于怎样的背景，服务于谁等，由此在问题和矛盾中寻找答案以及下一步的可能性。总而言之，我认为当代性应该是关乎未来的，需要保持对未来的开放性和探索性。可能其中也包括传统的部分，传统不仅是一种传承，而是可以创新的延展。

韩望喜

设计师需要建立一种价值观，来处理心与物、心与世界之间的关系。庄子讲"乘物以游心"，"游"的境界非常了不起。佛家讲"性""相""用"，"相"是变化万千，"用"为周边事物，"性"是一个人的本性、动机和价值观，即一切境相都是我们的自性所变现的。我提倡"善意的设计"，中国所有的哲学、宗教都在追寻"善意的设计"。我也研究真善美的问题，我觉得无论哲学、宗教最后都要归结到善意这个词。在西方的语境中，何为美？从一个牧羊女开始，从一个精美的陶罐开始，上升到音乐的美，上升到制度的美，最后到最高的美的本体上面去，但是美的本体是什么？其实是善，美实际上是道德的象征，这个是很微妙的。当你准备来设计一个东西的时候，最初的动力是什么？我觉得是本性本心，一定要有很好的思考。设计也要有价值观和精神气质，就是你把什么样的价值观，什么样的灵魂放到你的设计里面去，激起、唤醒这个物，使这个物充满主体的灵魂。

孙建华

很多人会认为设计当代性这个话题没有意义。从艺术的角度来看，我认为先要对当代性做出解释。首先是时代感，即在艺术作品中反映的时代精神；其次是前卫性，即艺术作品反映、探索前卫探索的概念；或者，将两者进行结合。由此，探讨当代性就有意义了。接下来，是设计中关于当代的思考。风格、文化、形式，毫无疑问是当前设计创作中最受关注的三点。而在风格、文化、形式的基础上，带动整个设计行业的另外一个主要力量是市场驱动。在市场需求驱动下，风格、文化和形式，变得有点趋同化，创作的面貌模糊不清，作品的精神价值也无法呈现出来。将目光从当代抽离，放在一个更长的历史进程中来整体看，我们的设计对于国际设计会有怎样的影响？其中的设计价值之于国际设计价值又有何意义呢？这是我们将设计作为时代的聚焦点之时，必须要面对的两件事情。问题是，我们对于设计价值的探讨是否足够？事实上，当我们面对本土文化及其对本土文化进行传承的时候，是会有焦虑感的，而且，也带有一定的浅显性和模板化。其次，所谓设计的前卫性，一定要直面社会问题。现在的情况却是，随处可见一些功能的、好看的、商业的、与市场需求相吻合的设计。总而言之，我们需要从科技、艺术、环境、资源，甚至人和人之间最新关系的角度，去寻找一些当代性和前沿性，来检查不足之处。

童岚

我的总结是，设计的当代性，关键是独立观察，并发现问题。我从商业、文化和社会这三个方面来说，这基本上也是我近十年间经历的三个阶段。首先，在中国传统教育体系里，设计是作为与艺术相关的学科而存在，因此毕业之后的设计师缺少一些真正的、系统性的商业思考，这是目前亟需面对和解决的问题。其次，很多设计师或客户对于文化视而不见，盲目抄袭国外设计。事实上，当说到回归文化的时候，并不是复原传统，而是在传统的基础上再创新，创造出代表这个时代的独特识别性。再次，设计的目的不是为有钱人来提供更好的生活品质，以实现他们的生活梦想。

吕永中

讨论设计的当代性是一个开始。经过了生产工业和现代主义等经济和社会的阶段之后，我们进入了后工业生产时代和后现代主义社会。将设计放到更大的范畴，包括社会、人文、政治、经济等，去思考之时，恰恰是设计当代性最重要的表现，换句话说，虽然我们无法改变这些，但我们可能成为一个桥梁。那么中国当下的设计是什么？中国当下的情况是世界当代性里非常重要的一部分。我们遇到的问题、矛盾，有一部分已经解决，剩下没解决的问题所带来的碰撞性、生动性和可能性，会变成中国继现代主义之后、为世界提供价值。从经济的层面来讲，中国当下的经济基本上已经定性，这也为设计提供了契机，由此我们可以通过设计创新去增加附加值，即重新定义设计的驱动力。还有从文化的角度来讲，这也涉及全球化与地域性的差异问题，更直白地说，是中国人的民族性、自信心问题，从哪里来到哪里去。文化问题，是很纠结的，先有文明还是先有文化？论规则还是谈人情？这都是很重要的命题，当代设计一定表现这些层面。包括文化之重与轻、东方与西方的博弈，或者说我们的某种心态，怕被边缘化、赶超欧美等等，都会成为中国设计当代性的现象。设计当代性更重要的一点是，必须通过设计本身的传统定义，将其放在一个更大的范畴里面去观察、思考、探索。

马海金

首先我先讲城市文化，城市文化决定了历史厚度和人类记忆的积累，丧失了它，空间是没有开放感和深度性的。所以说，如何去保存城市文化，保存之后又如何使其丰富，是至关重要的。从人的生活需求层面来讲，不同的时代给予特定的历史环境，产生了不同的风格与形式。如今为何提倡新中式？这是与人的生活密切相关的。生活方式造就了一个人的态度，也催生出不同的设计现象。比如在今年威尼斯艺术双年展上，我从展览中看到很多技术、材料的创新，它们与设计的融合本身就是设计的当代性表达。当代的设计也跟当代的艺术发展趋势紧密关联。最后一点就是，好的设计师应该有自己的人生态度，朴素且真诚。有的东西看上去漂亮、精美，但其实很平常，有的东西看上去其实是朴实简陋，但很迷人，让你的精神架构更加干净、自信，以具有普世的价值。

赵健

现代跟当代绝对不是一个词，也绝不是用来抬高自己、贬低别人的评价标准。实际上它们是完全不同的概念。现代主义是自印象主义之后到 1989 年左右，如果到现在我们还以"现代"标榜自己的话，说明你已经很不现代了。现代主义最大的社会背景是工业化，当代的背景则是全球化、网络化。现代主义追求的是否定、挑战、质疑，当代主义讲的是普世价值。其次，设计不是面对某一个特殊阶层，不是面对精英，而是分散的个人化。我认为设计不仅仅是设计师独有的专业，已经变成了很多行业、个人共同作用的产物。因此，设计师总是谈行业、专业是可疑的，说明不够当代。设计包括哲学、艺术、美学、生命科学、心理学、社会学等，不仅仅是艺术与设计的结合，不仅仅是工匠精神，当代由这些组成，但又不止如此。

戴蓓

我从四个方面来谈。第一，所谓的当代性设计不应被有钱人"包养"，应该为民众服务。评价亲切、经久耐用以及性价比高的产品才能够称之为当代性的设计。第二，设计不应该只为宏大趋势来唱赞歌，更应该为日常美好来做。现在的情况是，媒体、设计师或者是相关的领域人士都普遍关注大设计、大建筑，对日常的、关乎民众的生活设计关注得非常少。第三，设计并非是花瓶，它不能仅仅是满足审美需求，更应该是解决问题，同时来引领市场，并改变人的行为。第四，当代设计不应该是自恋式的，不应仅仅是民族性、地域性的和传统性的，而需要拥有世界性和全球性的价值观。并不是单纯复兴传统文化，而是扩展传统，将扩展后的传统形式为现代和当代所用。

沈雷

之所以是当代，不是现代或者古代，也就关系到其中的人，我觉得设计师跟设计的关系也是因为我们是人。当下性体现在我的设计实践中，就是角色扮演。角色扮演考虑到甲方的要求、设计师本身素质和所有人的共性。比如我接到一个案子，经常把自己假想为一个老板，是做韩国料理，还是做中餐、西餐，顾客是男是女等等。我以这样的方式去体验很多人在不同情境下内心的情感，同时反映出个体深藏于内心的感知。角色扮演会赋予设计师千变万化的、仿佛孙悟空般的能力，或者将个人置身于他人的社会地位，增进人们对其他社会人物的理解，并按照这一方法所要求的态度和形式，有效履行自己的角色。拥有人性中重要的同理心，才可以做设计、做设计师，然后才是功能与形式，这就是实验性、当代性的落地方式。

潘向东

设计的当代性不是具象的，而是一种虚拟的、精神上的感受。我们在思考、谈论当代性的时候，也许未来已经到来，所以当代和未来处在不停转换的过程中。设计是艺术与技术的结合，然而其中的艺术性是受制于技术性的，因为所有设计都是由技术、材料和工艺等组成，它们的变化会导致设计的改变。最后，我认为这个议题比较虚，很容易落入陷阱之中，不管怎样，当代性一定是位于精神之上的，而不只是形式上的表现。总的来讲，我认为做合适的设计，才是我们设计的态度。

林学明

当代性跟时间、地域没关系。当代性不是符号，是价值观的认同，与生产力的发展、我们的生活方式密切相关。我们谈论设计的当地性，与艺术界谈论当代性非常相似，其中涉及本体性、纯粹性和本质性的问题。设计界有很多人提倡中式或新中式，或者提倡国际化，与世界设计接轨等等，其中涉及对地域性固守还是削减，以及西方与东方的博弈。什么叫传统？什么叫当代？我们对于传统的理解，往往受到某种文化的约束，在我看来，当代不是一个符号，它完全是一种思想意识，一种价值观。如果我们的思想意识还停留在明清，我们依然是不当代的。所以，我们应该去思考如何将传统文化很好地转化、延伸到当代中来。还有一点，现在很多设计师都想着能够把我们的设计卖到国外，建立一个国际品牌。然而如果我们的文化不当代，不认同别人的价值观，如何让国际接受你的设计？现在不管是家居品牌还是时尚品牌，只要是国际化的，一般都不会特意去强调地域性，凡是强调地域性的最后都不会成为国际大品牌。善意的设计，实际上是对人性的关怀。人性的关怀哪里分东方和西方？没有分的，没有地域的，也没有时间的，这是一个终极的追求。我觉得这就是当代性。

孙信喜

到目前为止，我们的设计可能只有几十年时间，很多人对于现代设计或者现代主义，都没有搞清楚的时候，我们的社会已经进入到讨论设计当代性的阶段了。有一部分设计师认为，我们拥有时代的、历史的、文化的责任，需要将传统延伸到当下进行表达，而对于 80 后、90 后的设计师来讲，他们可能缺少这样的思维，呈现出来的是更加国际化、全球化的形式。我观察到，他们在表现当代性时做法不同。我们现在所处的位置是非常纠结和矛盾的，其中涉及我们如何看待我们的文化，以及如何去面对当代社会与我们的文化产生矛盾这一问题。我们的文化追求心和物的关系，善意的设计这部分，但事实上当代性中更多体现的还是另外的部分，有矛盾存在。因此，如何通过设计进行善意地引导？设计师是否有能力如何去引导设计的当代性？设计的当代性不是对的、错的，不是好的、坏的，它是如何要求如何去做，是需要我们去引导的。

杭间

我从日常设计和非日常设计的角度来谈论这点。所谓日常设计，有一些具体功能，需要为特定消费人群服务，或者有商业性目的，是比较实在的设计。非日常设计，比较偏重先锋性、概念性、前沿性的。对前者而言，它的当代性更多是世界性的问题，因为无论是科技、服务设计的机制，还是消费文化格局等对它的影响都是非常广泛的，我们去中国或欧美国家的超市，或者百货商场看看就知道。对于后者来说，它呈现出更多的区域性，比如业界提倡的中式设计、东方设计之类的概念。无论是文化的批判，或者是设计文化上的自我觉醒与民族主义，都有点类似于当年大东亚共荣圈里的追求，这个问题可能对于中国设计未来发展的走向来说，是非常有价值的。

苏丹

在都灵汽车博物馆时，馆长向我提及，当今意大利设计界考虑的问题是如何生产不值得炫耀的汽车。这表明他们正在思考导致汽车过度生产的问题，并积极应对过度消费的问题。从整体上来看，设计形态的变化，技术在其中起到很重要的作用，还有文化观。过去的文化主体是国家、社会、集体，在全球化的格局下，国家意识逐渐淡化，但是什么生产出来了？是个人。互联网又使个人的力量大量释放出来。在这个已经感觉到要发生变化的时候我们谈当代性，它不完全是时代性的表现，而是我们已经发现了一些问题，有了一些焦虑。如今，生产方式变了，技术变了，人的观念变了，价值观变了，肯定会产出新东西。当代性一定是有明确价值观的。我认为当代性的核心还是未来，谈论未来的价值就是要解决今天的问题。

创意产业和企业的未来

03

创意产业和企业的未来

创基金理事： 梁景华、戴昆
圆桌主持： 葛亚曦
出席嘉宾： 于强、萧爱彬、何宗宪、曾建龙、车建芳、吴兴杰、方雯雯、吴为、佘学彬、杜芳洁、胡艳力、李道德

引言:

现今,中国企业发展讲求的是原创性及品牌效应,希望通过"品牌"能有效地扩大企业于市场的占有率与知名度,使产品能够迅速地发展及增加连锁效应。因此,在未来的日子里创意工业应该如何与产品合作,使创意能够加强产品的原创性和独立性,从而强化产品的亮点?至于这是否往后的方向,我们需要具体的探讨两者之间的合作模式才能有效地达到相辅相成的效果。而企业又该如何把关和控制产品的独有性来建立自己的企业王国,种种一切希望能透过细节的讨论来得到较长远的定位。

观点总结:

1. 行业现状的痛点。
2. 设计之余产业的价值范围和如何量化。
3. 关注所谓更成功的模型,更成功的互相结构的关系。
4. 这是一个竞争的状态。
5. 合作刚刚开始,而合作的前提,是建立在大家要有契约精神为根本的文化范围下,对规则和标准的建立。这是我们众说纷纭里的一个相对共识。

戴昆

产业和企业的结合,是可以互相促进的。设计师能够帮企业打破惯常思维、提供更多的思考角度,以及树立更严格的产品标准,由此提升企业的产品研发能力,使其明确自己的优势和劣势。同时,设计师和企业的合作要建立在互相理解的基础上,目前两者之间存在着一些尖锐的问题和矛盾,比如对价值的估量,设计师觉得自己的创意设计能产生数十倍产值,但对企业而言,在中国目前的知识产权保护不力状态下,设计的价值很难得到保护。所以我的看法是,大家要互相理解、互相合作、互相促动。只有满足市场需求、致力于改善和解决问题的设计,只有质量可靠、技术领先和价格适中的产品,才有可能被市场接受。

设计师有两类,一类设计师是做创造设计的,还有一类设计师做应用设计的,大部分设计师做的是应用设计,这两者谈不上高低,只是两者不同,我们经常把两者混在一起,不是所有的都叫作创造设计,只有万分之一的人去做创造设计,更多的是做应用设计。

车建芳

我们既是企业,也在某种程度上代表了这个产业。我们与设计师合作,也与工厂合作,无论工厂做出来什么样的产品,都和我们有一个很好的嫁接,我们也能够帮助他们在销售环节达到很好的效果。对于设计，我们这两年也做了很多事情，包括与创基金的合作，就是一个非常好的整合，同时我们也推出了设计作品去米兰展览。戴昆老师刚才讲知识产权，其实目前无论是工厂还是设计师，都认为知识产权是自己最重要的东西，用"你的"、"我的"来划分，我觉得这个必要，把设计做好才是最重要的。

吴兴杰

当未来我们要面对的群体发生很大变化的时候，他们的见识越来越广，我们企业、设计师，做出一个东西，让他们觉得，原来我们觉得是好的，他们觉得是好看的，买回来觉得好用，而不是无用。不只好看，在用的过程中觉得和设计师有了情愫上的互动，这其实还是回归到产品的使用功能，美学功能，实用价值。需要不段地去研究当下和未来的产品。中国发生了很大的变化，我们作为传统企业，感到很大的压力，在这样的环境下，我们如何转变是一直思考的。

何宗宪

商场如战场，变化太快，不只设计产品这么简单，现在我们面临的是商业谜题，我们需要新的商业思维来将我们的生活、空间、产品重新安顿并整合，我们要去讨论商业模式、思考商业模式，以及创造新的商业价值。创造商业价值很抽象，可以是一个概念，也可以是一种想法。而商业模式原本每个工厂或企业有固定的模式，要打破这个模式，需要有很清楚的分析，而且重新去解构。就是需要再设计，而再设计，不是说完全摧毁，而是要以全新面貌去适应这个时代。现在的商业价值，开始要有一种前瞻性，有一个"新"字，智商和情商。智商，融合了分析的思维。情商，就是直觉的思维。从现在开始，去贴近我们的生活，因为现在的生活都因为互联网改变了，现在新的商业价值和以前旧的模式有了很大不同。还有一点就是，新的商业价值也可以从跨界开始，重新将文化、艺术和设计这三块重新融在一起。

吴为

看过一个说法，没文化的产业（家居），赶不上文化创业大潮。我觉得这是一个假命题。大家居产业，是最有文化的产业，人类、社会的发展，物质、精神文明的建设，哪个离得了"家"？谈谈当前的情况，中国的房地产价格为何如此之高？我认为，至少5年之内，这样的状况还是会持续。中国人购房和自有房的比例超过外国人，为什么这么高的房价还不降？其中有一点，西方人有宗教信仰，是有灵魂归属的地方，所以他们对于租房或买房的心态是差不多的，但是中国人没有宗教信仰，所以买房子是我们灵魂归属的地方，安心的地方。事实上，人类生命发展到哪个阶段，家居生活就会到达哪个阶段，相应的，你的礼仪、文化就进入到哪个阶段。因此说，设计师与企业要提供这样的消费和服务，而不要追赶中国发展的潮流，因为我们已经身在其中了。那么，企业和设计师要追求什么呢？要在行业大潮中留下好的作品和经典的风格。

李道德

刚才戴昆说设计师讲究创意，企业注重品牌。事实上，我会把设计师当作企业来理解，创意和企业之间，息息相关。目前并不缺少创意，相反创意是过剩、泛滥的，关键是如何把好的创意落地，这对设计师和品牌而言至关重要。对设计师来说，在创意初期就要有这样的思维、意识，而不是一个简单的想法，最终需要与实践相结合。对创意落地的能力，以及对创意落地的决心，直接关系到创意是否能成为好的创意，是否能和企业或产业发生关系。就我个人的经验来说，我们工作室所有的设计，不管是建筑、室内，还是产品，都是我们的工作范围，优雅性、情感投入和实践性这三点是我对创意或者对设计的理解。我们应该有所束缚，有所思考，而不应该是肆无忌惮，这样才能把一个创意做起来。

胡艳力

目前，设计师和企业都在自说自话、各自为政。单纯说设计，目前，中国设计已经可以单独和国际对话。从制造企业来说，难道我们的制造水平比其他国家低吗？其实并没有。但这两者为何无法结合？问题出在哪里？我觉得可以从以下方面去分析。首先，对于行业来说，目前家居行业的创始人基本上都是木匠、工匠或者是经销商出身，对于设计的理解并不是很深刻。其次，谈及产业，中国是知名的世界制造工厂，根据市场情况，来调节自身的发展，而且产品复制得很厉害，原创性不高。最后，说到设计，总体来讲，设计师成长的时间很短，对于工厂、消费者的理解也是有限的。

方雯雯

从主流消费群的角度来讲，目前很多中国的企业没有文化，不懂得创意。回想我父亲创业的年代，物质匮乏。但是到了现在，市场需求已经发生了极大的改变。我周围有太多跟我同龄的人，为了人性化的产品、具有德国品质和意大利优质设计的产品去海淘。相信很多优秀的企业已经感受到变化，也会顺应着这种变化而变化。因此说，企业和设计师的合作，已经出现了非常良好的契机。这是我作为一名80后海淘的看法。

萧爱彬

我谈两个方面，第一个是自己企业本身的状况，正好和创意产业有一些关联。去年（2015）年底我和几个80后组建了一个新品牌做跨界设计，比如家具。实际上我们是做室内设计的公司，但是我喜欢在自己的方案里用一些原创元素，而不太喜用市场上的元素，所以逐渐对家具、饰品、灯具感兴趣，并发展出相对完整的家居整体概念。我的想法是，一个设计企业，如果一直在做空间，很难有持续的生命力，而当我们将其介入到产品之时，设计才会有持续的生命，所以我想让我的产品延伸下去。我一直在摸索企业和设计师的游戏规则，比如设计的原创性和企业的规则如何更好地把握？目前来说，西方做得比较好，中国还不够完善。

于强

我们做了很多的室内设计，都是比较形式的，解决形式与商业或者形式给商业带来哪些价值的问题。以后有两个方面需要转变。第一，我更喜欢接一些私人业主的设计项目，比如自己住的房子、开的餐厅等。设计要向生活靠近，这不仅是形式的问题。第二，设计应和产品结合，要解决品质的问题。如果是没有品质，设计再有创意都没有意义。上海吸引我的地方，除了洋气之外，还有精致，如果上海没有精致的话，就没有巨大的吸引力。未来一定是设计和家具、产业结合得比较多。联系到刚刚说的设计和生活问题，如果设计师和企业结合，所做的家具只是以前各种各样的形式，那就没有意义了。我们和西方的差距在于情怀，有温暖、有情趣，失去这些的话，再多也没有用。

曾建龙

从设计师的角度看整个市场，不管是设计业还是制造业，缺的都是人才以及研发力度，而设计师缺少的则是如何更好落地的格局。如果设计师和企业要完美结合，需要一个平台去更好地定义两者的合作。如何以合适的商业模式，将好的设计理念和企业生产进行嫁接，避开相互不信任和担忧？如何让设计创意和制造生产能力真正实现市场价值？目前，都是把各自的资源停留在表象。我们要凭借全新的思维去改变传统的行业属性，借助互联网来改变设计师的视角。如何通过设计师与企业之间的整合，发挥更多行业的创造力，而不是停留在自我的角色？如何将平台、团队、身边的资源扩展放大，让设计师的智慧创造更多的价值？是当前非常重要的议题。

杜芳洁

我来自深圳市拉菲德堡家具有限公司，作为企业来讲，我们一直非常尊重设计。我觉得设计和原创，包括一些创意，一定是可以为企业加分的。如果把原创设计、创意和企业结合在一起，可能会爆发出更多的点。戴昆老师和企业的合作，我觉得也可以引发企业的设想，所以我们在今年基本上已经确定和邱德光老师来推出一个新的合作系列。我们也相信，有了邱老师的设计合作，一定可以为我们的产品加分，为产品推向市场助一臂之力。

佘学彬

我希望设计师能多听听企业的建议，我跟设计师合作，也做了很多调研，然而不管设计怎么变，最终产生的都是行业品牌，而没有做消费者品牌。例如，如果请阿里巴巴的马云设计一个橱柜，肯定也会卖疯的。我建议，要从行业品牌往消费者品牌去做，这是第一个观点。第二个观点，我认为，设计师不要再把设计产品作为一个极品，要做一个流通品。劳斯莱斯只服务一个人，不同于宝马奔驰的流通性，所以必须要把设计做成流通品牌，这是非常重要的。第三个观点，设计师必须要有新的价值，新的情怀，新的商业模式。很多说设计师"黑"，"黑"在哪里，我强烈反对这个观点。在德国，橱柜的价格很高，而它的价格就体现在设计师，所以新的价值就是在这里体现的。第二个建议，必须要有新的情怀，要多一点去研究消费者，不要去研究你自己。设计师在做一个设计的时候，必须要围绕消费者。新的模式，必须要和企业合作。基于这个逻辑，我搞了一个大师设计比赛，工厂提供，消费者参与。

梁景华

未来世界最厉害的是设计师，是创意。苹果手机就是基于创意而被制造出来的。相信很多的设计师以后会开办企业，企业也是如此，会有自己的品牌和设计师。中国的企业面临很大的改革，以前都是工厂在批量生产。现在新的时代来临，企业更多地需要创意，不能单单依靠速度快和产量高来赢得市场。市场需求日益多元，竞争也越来越多，面对来自国内外的强力竞争，很多产业需要改革，必须要建立品牌。未来，只有设计和企业之间相互写作，才能共同提升中国的制作行业。不能保守，要有勇气接纳一些新的观念，必须要有前瞻性，要看到未来。要懂得欣赏好东西，接受好的事物，接受好的设计，懂得欣赏很重要。面对千千万万的企业，我们要有好的创意，创意不单单是独我的，不能自我，我们必须要站在第三者角度看东西，懂得他们的需求，懂得消费者的需求，还有很多的要组合起来，让我们更加有竞争力，让企业更加进步，这是未来的方向。带动市场，苹果就是一个按钮，把所有的规则打破，或者改变形式。现在很多东西，我们尽可能改变它，有的时候尝试有可能不成功，一定要跳过模式才行，看看别的国家怎么研究未来的东西、未来的方向，我们从未来着想。

葛亚曦

设计师和企业合作需先明白自己要什么，再清楚对方要什么，这是其中的关键点。设计经常遇到的问题，我跟你谈生意，你跟我聊情怀，我跟你聊情怀的时候，你又跟我聊文化，大家都在说对方不守规矩。企业要相信市场的力量，市场会让告诉大家这个有关规矩的答案。我们看到很多人不相信创意的力量，有一部分人相信，我们设计师相信创意的力量。创意的力量就是不跟你讲道理，你有什么规则就是要改变。创意产业，都有学习对象在先。充分的竞争，可以让真正赢的人引领下一个时代。

04

大与小，有关系吗？

大与小，有关系吗？

创基金理事：梁志天、姜峰
圆桌主席：沈立东
出席嘉宾：杨邦胜、孟建国、倪阳、谢英凯、肖平、
孙华峰、张灿、陈彬、阮昊、刘涛

引言：

室内设计在中国经历了30年的发展，从无到有，发展成了一个新兴的创意设计产业，今天，人们谈论设计企业，不但谈论创意，同样还在谈论管理。如何管理好一个公司，是目前摆在很多设计企业面前的一个难题，纵观国际的设计公司，大公司如Gensler、HBA，小公司如三五人组成的小型工作室，都在和谐共生，走着自己既定的发展方向。大公司如何继续做好，做到大而强，小公司如何继续做到小而美，这个话题越来越多地呈现在设计圈当中。未来的中国需要什么样的设计企业，是大型的，还是小型的？这是我们今天所要讨论的主要课题。

观点总结：

1. 所谓"没有关系"是指：企业大与小是存在于市场的两种不同规模形式，任何行业都存在大与小两类企业，设计行业也不例外。

2. 所谓"又有一定关系"是指大小型企业又有许多相通领域，概括为：
（1）市场客户相通，有市场竞争关系。
（2）专业知识相通，有业务合作关系。
（3）人力资源相通，有人才竞争关系。
（4）企业管理相通，有技术交流关系。

3. 大小企业发展方向：大而强，小而专。
（1）"小会更小更专，大会更大更全"，这是发展趋势。
（2）做大做小是由管理者的能力、自身拥有的资源及个人偏好来决定。
（3）大企业注重平台搭建、标准制定、科研投入等工作；小企业则应注重个人品牌塑造，专项领域做精。

4. 论坛给予我们的三点启示：
（1）我们无需关注设计企业的大与小，因为它确实存在并永远存在，它是市场发展的必然规律。
（2）大小企业都要有"互联网＋"思维，相互协同、资源共享、共同发展。
（3）中国设计行业离不开大企业，也离不开小企业。我们应该发挥各自优势，扬长避短，协同发展。只有这样，"中国设计"才能走上一条健康可持续发展的轨道。

孟建国

我认为这个行业之所以形成大和小并存的局面，由两个因素造成的。第一，资质问题，在中国，室内设计属于建筑设计范畴，所以有资质门槛，这个资质是由住建部等控制，分甲乙丙丁几个等级。大的公司基本上是甲级，小的公司有的可能都没有资质。这在中国算是一个壁垒，可能需要若干年才能取消。第二，室内设计不像建筑设计，首先它没有那么规范，其次它的标准没有那么严格，再次现在房产商私营企业越来越多，因此做室内设计的，对于小公司而言，也有生存空间。大和小，分别有什么利弊？大公司资质齐全，人员多，接的大项目多。小公司虽然没有资质承接很大的项目，但也有自己的生存空间，它的特点是专业，服务也非常好，灵活多变转型快。小公司今后的发展方向，还得要做专做细，创造自己的文化和设计品位，才能可持续发展。大公司一定要掌握行业的核心技术，增加企业的品牌，打造好企业平台，创造好企业品牌，向标准化和专业化的方向去发展，包括要建立市场体系、运营体系和研发体系等，这样一来企业才能越来越强，而不是越来越大。

阮昊

这个议题很适合我，因为我不仅有设计事务所，还有一家科技公司，后者主要是进行室内与软装相关工具平台的开发。对于"大"与"小"的认识，我觉得其实这个定义是很难的，究竟什么是"大"，什么是"小"，范畴如何界定？我觉得我们现在所说的"大"与"小"，本质是一样的，不过是设计行为与规模数量上的区别。就是设计的"大"与"小"，到了一定的程度，可能成本下降，这种情况下"大"与"小"是量的区别，并没有达到质的区别。我认为真正的"大"，是我们现在所做的生产性、设计性的工作，比如在未来很多重复性的部分，会被信息所取代，很多可以重复利用的东西，会被设计模块取代。就是现在大，未来会更大，通过传统的人力生产，转变成与技术结合的生产方式；"小"会更加小，比如现在事务所二三十个人是一种"小"，未来会更趋向于个体化，因为每个人的职业或者是未来的工作不一定是单一的工作，他可以在不同时间段、不同的状态下，和别人配合完成更多的事情。此时，"小"的单元从小的公司变成个人个体。"小"会更小，"大"会更大，他们虽然看似往不同的方向走，但是会越来越强。也就是说，"小"会依附于"大"完成更多的事情。

孙华峰

按照目前设计企业的划分，我们属于中间一块，比上不足比下有余，六七十个人的公司，其实是挺尴尬的。其实真正大和小的公司，个人觉得没有什么太大的关系。大公司和小公司的界定，第一，是由企业执行者个人的能力、心愿，及其掌控性来决定的。第二，是由我们中国的特殊的政策所决定的。第三，我觉得不管企业是大还是小，都应该专攻自己擅长的方向，每一个企业都应该把作品深化。如果太多大的公司过于泛滥，只是为了创造效益而创造效益，那么这样的大企业很可悲。但是过小的公司，只是为了讨生计而存在，是另外一种可悲。所以不管大公司还是小公司，都要做出自己的特色，在自己掌控的范围内发挥得淋漓尽致，而我们每个人也应该结合自己的长处来做事情。

梁志天

我现在的公司员工已经超过 400 人了。我从 1987 年创业到现在刚好是 30 年，跟中国改革开放的时间相同。每一个公司都有它的开始，开始的时候是很小，只有一个人。现在我讲以下为什么我的公司从小发展到现在的规模。首先"大"与"小"，可能在欧洲，三十人的公司已经算很大了，但是在美国，三千人的公司也不算很大。中国，也有自己的规则。我觉得现在来说，中国超过一百五十人的公司已经算很大了，小的可能是十个人或二十个人左右。我觉得一个公司不管是做大还是做小，其实很大程度上是考验管理人的能力，以及由目标来决定。我公司的前二十年大概就一百多人，后来看美国的设计师公司，有的多大一千多人，在全世界都有分公司。我觉得中国人为什么不行呢？还是管理问题。我是一个比较愿意冒险的人，所以我觉得我应该给我自己这样的一个机会。十年前，我把公司从 150 人扩充到了 400 人左右，当中遇到了很多问题。我经常举例子给客户，设计是很注重个人发展的一个行业，比如你看现在的厨师，在全世界最出名的一个厨师，有的人是在乡村里面每天只做一桌菜，但是有的厨师，纽约、香港、伦敦等城市都有餐厅。他怎么可以管理十多个餐厅，有那么多的厨师？其实我们设计行业也可以做到这样。比如大家买汽车的时候，你是买奔驰还是买法拉利，法拉利年产量只有两百辆，但是你要买奔驰的话，它年产量是两万辆，是不同的概念。做大有很多好处，但是也有很多不确定因素。

陈彬

我在武汉理工大学任教，有一家自己的设计事务所，规模大概六七十人。什么叫"大"？什么叫"小"？我认为"大"并不是所说的规模，它应该是强，强在什么地方呢？应该是它的体系平台化，这一点是大设计公司所具备的。"小"其实也不是弱小，它是合适，就是当公司的资源调配、人员管理，和你所在城市的业务匹配之时，它就是合适的。这个是我对"大""小"的理解。现在为什么大家来谈"大"和"小"呢？因为在全新经济形式下，尤其是互联网的发展，使得企业面对了来自行业内外的多重压力，我们的社会关系、人际关系、业务关系等都在改变。针对这样的现状，我认为有关"大""小"公司，未来会有两种方式，或者说，设计公司会有两种趋势。第一，合作的常态化，即不同形式业务、战略上的合作，甚至联营，会越来越常态化。当这种形式出现的时候，"大"与"小"所面对的方式是不同的。第二，客户定向会越来越分明，社会分工越来越清晰。如此一来，大与小的公司，肯定各有各的优势。

张灿

对于设计行业来说，"大"与"小"都只是局限于企业本身的管理。我认为前三十年的发展，不管是大企业还是小企业，都是在忙着做大。很多小企业没有太多的资质，是从大企业里面慢慢剥离出来不断生长，这种生长，我觉得是无序、没有品质的，但是未来可能会不一样。我现在也会感到瓶颈的出现，企业管理、人力资源的瓶颈等。首先，我们公司定位为设计型公司，而不是制作公司。设计是大脑，制作是施工图、效果图。现在有两到三个施工企业跟我们合作，我们支撑设计，让设计更精髓，更细分。第二，模块化。现在我们也在搭建各个平台，我认为未来不管是大公司还是小公司，都会得到一定程度的分解，不是那么集中性的管理。就像互联网，很多内容和平台被分散开来，而不是统一管理。所以我想，可能以后也会出现很多机构，不断地移动式联合，或平移式地联合，形成大与小的关系。

杨邦胜

我认为从设计的角度来说，"大"与"小"其实并没有很重要。设计的本质是做产品，小的项目也可以做得非常好，而大的项目，也不能说没有创意。在设计过程当中，对于产品品质的把握才是至关重要的。所以相对来说，适合自己企业的，才是最好的。以及，当设计的发展当中，设计单位、设计模块等对设计产业的推进是非常重要的，比如，大公司需要更多的管理，而小公司在细分领域做得很精细，在这个情况下，大公司反而要学习小公司的优势。我们现在大概是三百人左右的规模，我们的内部分成很多组，每一组都有核心的设计师带动，实质上是小公司的概念，最后由总设计师进行把控。大公司更多的是搭个平台，涉及设计的方方面面，从品牌的管理到内部的管理运营，从产品质量的把握到设计作品的产生等。

肖平

今天话题是"大"与"小"，实际上应该从两个方面来谈论，一个是市场建设，一个是品牌运作。从"大"来说，为什么广田想做大？这并不是针对项目而言，是针对公司而言。我认为做大是做公司，做小是做项目。通过项目运行，走向资本化运作，越大越好。大的公司在初级阶段就可以为客户提供一站式服务，可以很立体、全面地服务客户。它着重管理，对于管理的人员要求非常高。小的公司可以快速发展，反应快，聚焦精准，单项效率高，能有针对性地解决问题，并且最容易出精品。但是在纵向合作方面整合比较慢一点，比如要去解决一个大的项目，小公司就需要寻求合作。因此说，如果做项目，我赞成是做小团队，如果要做企业，我赞成做大。这两者之间，并没有冲突，实际上是在一个大的范畴里面，有必要共同存在的两个事物，就看我们的需求是什么样的，不同的阶段有不同的需求。

倪阳

我的公司是一个中小型公司，我有设计背景，一开始认为设计、施工一体化，可以使项目更加完整。确实存在大和小的差异，但是它们也可以形成一个整体。有时我们与一些大的或境外公司合作，这时就需要一个大的平台，在这方面我们做了很多尝试，包括业务体系、管理体系、项目的运转体系等。不管是在管理还是施工方面，都在努力将各个因素、各个领域进行整合。从项目的角度来说，小团队对于项目的专注是特别愉快的一件事情。对于公司来说，我们开启了细胞团队的运作模式，就是相对独立、有能力承接项目的人组成团队。目前我还处于纠结、探索之中。还有，在互联网时代，对于"大"和"小"的定义会产生颠覆性的或者是本质上的变化。很明显的一个特征是，互联网将整个产业链的价值压缩，而未来，自由职业设计师可能会通过这种细胞的方式，跟更大的平台式公司有紧密、有机的结合。

谢英凯

我觉得大和小不是最重要的，关键是要小而美，大而强。小公司要注重深度，大公司要开拓宽度。小公司更多地代表是个人前瞻性的设计理念，包括品牌、辨识度等，但是风险很大。大公司的团队力量很大，包括它的资源整合能力是非常强的。大公司，要采用更扁平的方式，变成一个平台式的企业。大家有没有想过，是否可以把更多的小公司整合成为一个大公司？同时，我觉得未来的公司，可以朝着社会化的方向发展，包括很多企和品牌，都应该与社会对接。未来大而强的公司，需要建立一个体系、找准自己的定位，不是别人让你做什么你就做什么，而是将你的特性凸显。最重要的，无论是大企业还是小企业，都要打造出好产品。产品并不单单只是一个杯子，而是整个项目，包括管理体系、运作体系等。就像 BIG 事务所，既大又强，既有个人的辨识度，又可以将公司的设计理念做得很强，它的整个平台，无论是技术上还是想法，都做得很超前。

姜峰

我们都很渺小，处于被改变的位置，我们不可能改变我们的行业，就像互联网，不是说我们让互联网发展到什么阶段，而是互联网带着我们向前发展。从互联网到所谓比较专业的设计公司，都是社会大家庭的一个缩影。在互联网领域，不管是 BAT 还是小公司，都是其中非常重要的组成部分。在设计行业，我觉得也一定是类似如此和谐共生的系统。最重要的是，你要找到自己的定位。我们去欧洲，可以看到一个小店，延续了一两百年，它都有自己生存的价值。我们回想一下自己，无论是一个十几人的小公司，还是一千人的大公司，是否具备市场认可度，是否具备抗风险性。如果你被市场认可，无论大小，都有存在的价值。无论大与小，都是相对的，都面临同样的一个问题，即能不能生存得好，怎么样去巩固你的地位，通过什么方式巩固你的地位，一个人也可以巩固，别人取代不了他，这就是他的价值。

刘涛

我对这个题目深有感触。原先金螳螂十几个人的设计团队开始，一直成长到几千人的公司。什么叫

"大""小"？刚刚我听大家说，基本上以人数为准，人少的就是小公司，人多的就是大公司，其实不然。我们公司里面有很多小团队，有时十几个人小团队的业绩会超过一百多人的团队。因此说，我们不仅要从人数上来说"大"与"小"，还要从能力上来谈论。团队的大与小，与我们市场是否有关系？现在我们市场需要大公司，也需要小公司，大公司，是平台化、系统化的公司，拥有专业的产业链，而且有巨大的整合能力。小公司，是小而专、小而强、小而精的公司。小公司可以变成大公司，不是从数量上变成大公司，而是从能力、专业上。金螳螂是一个航空母舰，一个个小舢板用麻绳捆起来，虽然数量上达到了，但是能力上没有达到。所以我们接下来要做平台、系统化建设。我们是由一个个小的专业团队组成，有专门做样板间、专卖店的等等，就我们要把这些整合起来形成一个产业链，而且在其中突出专业性。金螳螂最近在做信息化建设，后来我从市场上了解到很多公司也都在做这件事情，这会使得小公司和中型的公司同样具备大公司的能力，具备平台化、专业化、资源化的特点。其实市场真正需要的公司是什么样的？第一，至少具备一个核心技术能力，第二，有资源整合能力。

沈立东

"大"与"小"，是有一定关系的。我把它归结为四个方面，第一，市场、客户相同，存在市场竞争关系。第二，专业知识相通，存在着业务合作关系。第三，人力资源相通，存在人才竞争的关系。第四，企业管理相通，存在行业交流的关系。我将大家所在的公司分为四类。一是独立设计工作室，主要以设计方案为主，三到五个人。二是单一专业工种，比如专门做室内设计、软装设计或灯光设计等等，这类叫事务所或者设计公司，一般是十到三十个人左右。三是专业工种，传统意义上叫综合设计院、综合设计室，而包括室内、软装、灯光等，一般是五十到两百人，这种中型公司我认为是最难生存的。四是以室内设计为龙头向两边延伸的、跨专业跨区域的设计公司或设计集团，五百人以上。前两者主要是做精做强。它追求的是在专业领域做精做专，更关注的是设计创新。后两者追求的是做大做强，在关注技术进步的同时，也关注企业管理的效率。

我们不应该无序地关注企业大还是小，对于投资者、业主来讲，只要选择其设计能力能够满足其做追求的项目需求就可以了。选择小公司可以，需要的是它的创作理念，选择大公司也可以，需要的是一条龙服务。对于设计管理者来讲，做大与做小，除了管理能力之外，还需要借助市场、环境、自身所拥有的资源，以及个人自身的特点和喜好来判断。对于设计师就业来讲，进入大小企业都可以学到东西。区别是一个很专业，一个很广泛。大与小不能简单割裂开来。刚刚有人谈到平台建设，大与小完全可以通过互联网＋的平台建设来进行资源整合、协同发展。最后，我觉得中国的设计行业，能不能够健康发展，肯定离不开大公司，也离不开小公司，而且行业的使命就是大与小如何协同发展。

设计情、东方韵

05

设计情、东方韵

创基金理事：梁建国、陈耀光

圆桌论坛主持：陈卫新

**出席嘉宾：孙云、庞喜、孟也、佘文涛、金捷、张丰
毅、刘峰、陆云**

引言：

东方总是带给世界一种特别的情愫，有着悠久历史的国度总是拥有属于自己的时尚符号，世界顶端的时尚潮流在这些年来把视觉渐渐地转移到东方。如果说在过去两个世纪，世界看西方；那么现在呈现的是，世界看东方。无论是去年 MET GALA（纽约大都会艺术博物馆慈善舞会）的主题"China: Through the Looking Glass"（中国：镜花水月），还是这两年米兰设计周上呈现出来的各种"东方情结"，都在说明——世界的时尚潮流都在"向东"。无论是经济、文化还是设计、艺术，东方的元素一次次地美艳全球，成为全世界文艺人士追逐的目标和设计的灵感。那作为中国人，作为东方文明的发源地之一，我们如何去传承和创新老祖宗留下的"东方"？如何去寻找东方的"内核"？

观点总结：

1. 创新不再是单纯的创造新形式，在原有形式上的精进也将是当代设计创新的重要内容。精进型创新或许是将来设计存在的生命线。亟待构建的行业产业链和商业链推动将为设计的创新提供更有力的工艺和推动基础。

2. 东方特有的精神生活方式让东方的传统和设计更多的指向个体内在，有归属感的传统才会被传承。在全球化发展语境下，东方、西方不是对立的，应该是互相参照的。工艺不能代表文化传统，但当下设计离不开工艺支持。

3. 传统到底是一种负担，还是我们的设计资源？先要着手于做，把传统整理好，在不了解传统的情况下，无法判断到底是资源还是负担。我们现在可以做的是向下扎根，向上生长。

4. 想要让东方成为世界的风尚，除了有好的设计，还要找到正确的传播语言，以及强大的商业推动力作支撑。

金捷

当设计邂逅千年东方韵，如何传递经典？我的观点是：不传承，无国际。工艺美学关注的是机械和生命力，新艺术关注的是装饰主义，现代主义关注的是大批量生产和销售，当代设计要成为经典，除上述关注，最重要的是人文关怀。

东方文化的传承、创新是个庞大的学术课题。首先要保住好传统：城市的魅力体现在空间的多元和传统和现代的兼容性，我们反对将一座城市的历史再现代化的建设。

我常思考怎么做没有痕迹的东方。思考方式和价值观的确定很重要。东方文化因其自身具有的完整哲学体系，始终影响着这一地域人们的行为方式和实践活动。东方人更看重事物与自然界产生的共鸣，生命力等感受。在中国，各派思想体系都能为中国的设计注入特有的人文思想。我们无需刻意流露东方身份，大可以将关注点放在解决生活方式上，利用发自里内心的感触做设计。

借西方现行的绝对理性推理的思考方式，融合东方文化中的感悟，不失为实践传承和创新的新思路。

张丰毅

信息开放，全球信息的交融互通拉近了彼此之间的空间距离。之前因空间距离产生的对东方的不了解，让东方的美因神秘吸引着世界的关注。当空间距离不再成为信息沟通的壁垒时，东方美学在世界面前的冲击姿态已在意外。古代天人合一的设计美学理念依然与今天的自然和社会的发展需求相适宜。这样的全球语境下，当代的中国设计师需要深入浅出才能基于传统，体现出新的独特的创造性。但现实中设计师对工艺支撑的需要也越来越迫切。

孙云

"向东"一直在发生，世界艺术形态里多有呈现。西方多年来站在政治优势的文化高地上来判定全球普世的审美价值和标准，艺术作品在其拍卖市场上的商品价值也是由主要几家拍卖公司利益集团决定。这种审美定位体系的单一性，让我认为这是西方"幻想东方"。但却是看东方的新角度和颠覆本源认知的新方式。

"东西方"是个糅合了地缘概念，包含多种概念的复杂而抽象的定义。它可以抽象复杂到东、西方人即便使用同一种工艺方式，做出的东西却完全不同，工艺背后的思维观念才是形成差异的核心。

关于传承，当下语境我们要重视东、西文化的认同障碍，当代的"东方"想全球化，需要借鉴西方的观念方式才能更有效传播，这就要运用对的语言。完全用东方人的思维做东方人的事情是闭门造车。进入西方市场，必须找到入口，研究文化观念的差异，才有可能了解其存在核心。我们容易把工艺传统当成文化，而今天的文化存在已经一点点转化到实现过程的各种细节里了。视野西化并不妨碍东方表达，反而会更清楚自身文化存在的价值。

刘峰

传统到底是一个负担还是一个资源？对于传承和创新，我认为：先有传才有承。知识储备里对传统文化知识了解的薄弱，反映到运用上就容易偏离本意忽视精髓，执迷于表象。传不好，也承不好是症结根源。今天的设计，我们输给前人的不一定是某种技艺，更多的是工匠"态度"，多输在造物的心态和对周遭世界的敬畏之心。会变得狂妄；太过谨慎又会是一个负担。

脱离了日常的设计谈创新缺少根基。技术方面设计要重视由下而上的生发过程，下达生活日常、情感沟通，上至视觉实现的潮流呈现非粗暴的符号罗列就能承载的。创新是自然而然的事，仅凭刻意鼓吹打造或一己之力无法实现。

东西方文化的碰撞融合从没停止过，与万物对话本就是东方造物文化里的精髓。西方特有的洞察力，提供了新视角来看待我们的传统和文化。意象东方的最高境界应是脱离意象之外的表达。向东向西不重要，要活的像自己才更重要。设计师不是问题的解答者，而是一个挖掘者。

庞喜

东方不是表象，而是它的意境、文脉，是有内容的存在。尊崇传统的东方人更在意的是表象外更关乎个人感受层面的精进程度。

以明代画作为例，参照同一时代的西方，东方的生活方式和文化应该是时尚、前卫的，画面中描绘的生活图景、器皿、摆设，应该是当时西方顶级流行追捧的事物。体现的都是当时东方前卫、高级的生活或艺术方式。梳理中国的艺术发展史，可见各个时代的人所做的不断创新，漫长的创新积累造就了今天传统东方造园，传统陈设等门类。作为设计师，我们还要注意东方文化中针对体验的系统存在，比如烹饪的火候，对茶叶的品味体验等。

另一方面，国内从事传统手工艺传承的人越来越少，这也让当下的设计与传统工艺很难对接。我们对传统工艺的保护传承远不及日本精进完整。

孟也

近一年，越来越多的客户提出渴望消费创造性的东方设计的需求。这种消费观念对行业的大回归带来了明显的推动。大环境变化的原因是上一代财富的移交和审美阅历的增长及对文化的反思。项目业主的年龄在不断下降，有条件和机会接受世界教育环境的他们能提出非常理性的设计愿望和诉求，非常值得尊重。这是未来设计行业大势所趋，也是个人的回归。

需要明确的是：当下常态是向东还是向西？我认知里的西方向东的记忆多是和耻辱、劫掠、痛苦联系在一起的回忆。东方有太多真正的"经典"一直在被西方认同。我曾被欧洲橱窗里极具东方表现手法的瓷制牡丹花深深触动，这也让我开始反思东方的传统和传承，是不是我们在某一时期因为经济的发展和自己的追求，忘却了、迷失了那个文化的自己。

我们去意大利看一个西方的品牌做东方意向的工艺，无懈可击。我们的工艺发展却无法给予设计师必要的技术支撑。设计师的设计观念可以传达的很快，但生产、工艺、消费却掺杂了复杂的社会因素，行业产业链的成型是需要大家一起推动的。

东方文化如何传承与创新，我更愿意理解为新东方，它在此不是某个设计风格，我对其更好的诠释是：让东西新起来。

佘文涛

我从东方的心灵美学来讲。对比中西方文化特征，其中一个就是东方追求精神高度，西方追求科技美学。东方的美更注重思想，天人合一的意境，文化的内涵强调的是人与精神，线条的极简犹如人自身不断剔除自我缺点的行为，它的美是心灵纯净的体现。东方的美更多体现于生活方式里，关注其心灵在对应空间生活时的需求。

"传承"两个字包含了所有。需要发掘本源文化的精神实质，多维度的学习。文化和艺术的历史都是由创造力的相应个体所共同打造出来的，创造力是关键，而东西方从来都是彼此间的参照存在。当下信息的交融，科技的发展极大地推动了材料赋予空间的独特性。于是设计是否会更注重基于东方文化心灵活动需求而产生的美？

设计师要关注自然生发的创新，本真的创新；因为生命的终极目标，从来没有改变过。

陆云

东方设计这两年在蓬勃发展，出现过很多好设计，但很多设计很好，很懂工艺的设计师在脱离欧洲行业环境后自立门户就无法支撑，我认为这是环节的缺失。缺少甲方背后的团队和好的背后支撑，光靠设计师个人是不行的。这也是出不来大师，缺少标志性项目的重要原因。

中国的设计，亟待推进工艺知识产权保护。意大利、美国，西方的很多制造工艺背后都有强大的相互支撑的力量。这些工艺在中国是得不到的。在缺乏知识产权保护的前提下，行业自觉自律在当下中国很难实现，更无法达成相互支撑。为什么意大利工匠厉害，他的工匠技艺从一千年前到现在没有中断。他们不纠结自身文化所属的年代，米兰展中意大利人绝大多数只会到意大利设计馆选择自己的产品。这种文化自信对设计以及行业而言无疑是最大的支持。

商业上的成功才能带来设计风潮的持续。大家要做建设者，不是抱怨者。设计师一定要将整个商业链连接起来。当下产业链环境缺少真正懂艺术，尊重设计，又很懂商业的力量。具备这个力量，好设计才能在国际上发声。只有三方面的力量齐备才有条件把"东方"真正推向世界，因为如果不是世界的，一定不能持久。这也是西方文化征服全球的原因。

我看好中国设计的未来十年，中国消费二代的成长非常迅速，消费眼光也将完全不同。这会成为一个推进东方传承的机遇。请注意：未来的甲方会更尊重你，但是设计师准备好了吗？西方设计大师的设计有时也会走偏，但他们完整的行业链或甲方都会从很多层面帮助纠偏，最终达成一致，成就一个精彩的项目。成功的基础一定是相互尊重。

梁建国

我强调东方韵的格调，它决定了正确的设计态度。我认为设计师做设计需要建立在格调之上，再简单也要有调。调性不对，任何方式的呈现都没有意义价值。

面对传承，做很重要。梳理历史，看清现实，带着时代的责任去着手。百年之后一定会回看这个时代，当代设计做了什么有价值的时代遗存？是否具有世界性的宽广度和说服力？当大家对某个事情都在观望、怀疑的时候，要做好，不容易。我是带着责任开始做东方本土的项目主题。我希望多团结一些从业者，一起做，一起发声。从业方向的环境营造是很重要的行业支撑。这是当下社会对整个行业提出的生存发展考验。

所以，我想给每个人一个任务，就是要从自己做起，要看得起自己，在同等情况下，先买自己的产品。

陈耀光

有归属感的传统才能传承，它是你的本土。当文化进入到成长过程中成为习惯的生活方式时，就会有文化认同，归属和亲近感。这与对西方文化消费的收藏和差异性好奇感完全不一样。无论向东向西，归属感最后都是指向自己，这是设计师生活中不能回避的现实。

弘扬东方是我们已知的行业使命，但文化需要多层面的渗透。我认为东方风格的倡导就在那里，我们自身有天然的归属感，创意环境弱势的我们更急需着手的是整个行业构架的科学打造。构建经营起这样的文化产业将为我们的行业和从业者提供更多的背后支撑。

我去台湾的时候，发现他们那里真正伟大的不是设计师单体，他们真正的评判者绝对不是他们，或是我们行业的一个奖项，或者某一次浪潮。而是普世价值，这让我想到了民众，即设计师的受众面，还有使用者，他们是所有的价值体系和东西方文化的真正检验者。所以说他们设计得出高端的产品来，并且接地气，就是因为体现了生活方式的方方面面。

陈卫新

这次创想圆桌论坛提出了"设计情、东方韵"的主题，我想这其中应该包含两个方面：第一，我们关注的东方美学到底是什么？第二，如果这种东方美学存在着一种系统性，那么它的创造力以及时代性如何被看待？东方美学应该是从生活中来，也必将会回到生活中去的。

全民审美意识的提高也是设计发展的重要指标。我们的东方认知都来自书本文字性的记录，看不到实物在生活当中的使用。对基础人群而言，通过有话语权的人带动发声依然是最直接的方法。我们要建立自己的文化自信。

我的一个团队一直在做南京所有民间建筑的资料整理，取样工作已经做了四年。未来它会以书的形式保留下来做设计资料，成为老城区建筑的依据。文保建设单位是不会关注当下生活中出现的细节做这样的整理采集工作。如果每个人都从生活细节当中提高，东方美学这个观念任何时候都能成立。先要把传统整理好，在不了解传统的情况下，是无法判断到底是资源还是负担。

创新不是单纯的创造新形式，在原有形式上的精进也是创新的重要内容。精进的创新才是将来我们延续的生命线。

圆桌主席观点发布

设计、资本、互联网

第一桌主席范凌:

1. 针对宏观问题,设计师到底是利用互联网和资本对设计的放大作用,还是需要在资本互联网的洪潮当中保持自我?两种情况都会存在。一方面设计师会变成行动主义者,积极地介入到资本、互联网当中去;另一方面,设计师会因为资本、互联网分担了一部分压力,回归到设计师最本质的地带去追求设计师最应该施展的价值。

2. 设计和互联网、资本的结合并不是简单的与钱和技术的结合,而是迭代2.0的结合。是社会设计、社会资本、社会互联网的结合。设计具有的柔性作用,带来了善意,带来美,带来生活质量的改善,设计的介入让资本和互联网这两个相对硬质的概念更具韧性。资本和互联网可能带来某个数字后面无数个零,具有放大的作用;设计会是决定到底是 1 还是 −1 的关键因素,这就是设计的穿透力。设计师一方面应该坚持自我,另外一方面应该积极地穿透进去。柔性的价值应该穿透资本,穿透到互联网中去。

3. 互联网能把设计意图放大,放得更明确。设计师或具有设计思维的创业者,具有本能的向善性,和对社会创造价值的意图。在特别脱离现实的案例讨论中发现,农村很多创新类的项目当中 60% 的社会创新企业创始人是设计师,而其中 60% 的设计师创始人不知道自己做的是具有社会价值的企业。我们希望通过设计给商业给技术带来更多的看点。

4. 设计和技术给资本和互联网带来社会的价值,生发出新观点:消费重建,社会重建,原创重建,设计师角色或创意的生产重建。区块链投资技术能用协约的方式,让不认识的人很快建立信任感在网上进行交易、合作。通过技术达到社会的介入,帮助我们在失去信任感的社会,更便捷的建立社会的信任。建立社会很大的信任,很大价值就是尊重现实。原创设计通过版权的方式可以服务很多的用户,让用户提高自己的生活的价值。这个是互联网带来的设计的灵魂和生活质量提升的可能性,从而重新建立了原创。原创不再是被保护得真实的唯一;成为可以被共享,尊重,人人能知的存在;是出自某个建筑师或设计师,成为人人都能买得起的价值观。这是互联网给设计、原创带来的机遇。

我们推崇的:资本和技术,不仅仅代表钱,或代表更快更强的速度,而是代表一种社会智慧的集成,钱是聪明的。社会智慧通过资本、技术的方式极大的提升,一起推崇社会认可的事物时,设计已经呈现出了非常重要的价值。不再是纯粹的逐利的目标能得到资本支持,而是当解决了社会的问题,就不怕得不到资本的支持。设计师应更积极地进入到商业资本里面去，不是商业资本腐蚀了设计师，而是设计能给商业资本带来善良、带来好、带来柔性的东西。

当代性、当代设计、全球化与个体

第二桌主席苏丹：

1. 用当代的方式才能探讨、解决当代的问题。1933 老场坊代表的是生产性的进步，今天变成探讨人文、探讨友爱、探讨可持续的论坛场所，这就是当代的方式。

我们的话题集中在民族性，和中国文化在世界的弘扬上。当代性，它不是时间概念。不一定所有这个时间点的东西都具有当代性，不能将当代性泛化，所以不要简单用时间给当代性定性。

2. 全球化互联网背景是当下设计焦虑产生的原因。当下的设计不能再狭隘地站在地区层面，而要站在全球化的角度，用互联网的思维思考最根本的问题。

3. 全球化的设计核心是什么？生产方式改变，新的技术条件改变，足以颠覆设计的原有走向。

4. 关注当下社会的主体变化。这个话题将来定会提及。过去的社会结构主体是家族，是集体。集体有民营，有国营；但是当下变化了，未来的社会主体将是个人，这个人经过了几百年的思想储备，浮出了水面，在互联网温床的培育下，人出现了，个体出现了。这一点对世界对中国影响巨大。真正的个人是在互联网时代产生的。今天 80 后、90 后、00 后，当下个体的思想自觉，以及对于自我身份的认同的强烈程度是远超过去想象的。

5. 全球化下的普世价值很复杂，至于设计的当代性，各个国家都有各自的文化团队在总结。现在我们需要把线下经过梳理、过滤的有趣的现象呈现出来，大家去探讨、寻找，然后假设未来或预测未来。哪些现象将决定未来？虽不能 100% 预测，至少可以做到 50% 或者是 60%。思想最终会推动社会的变革。

价值观很重要，观念很重要。设计的当代性，它一方面需要对设计这个存在了一两百年的行业重新定义、思考，看它对人类对社会服务是否还停留在原来的层面。我们感到职业在变，出现了很多的机会。我们有更多的空间去寻找。但设计依然有其最本质的东西，比如无法摆脱劳动、时间、文化、空间，其中空间是个很重要的因素。

6. 真正的当代艺术，它的表现媒介一定是复合性的。当代设计在形态上是否有特征呢？

一方面通过当代艺术的变化，我们关注到一些限制，带来一些警醒。这个现象是当下的欧洲或北美发生的当代艺术，开始追随时间观念。时间观念变成了当下当代艺术作品很重要的特质。时间的变化性否定了最终的结果，变化了最有价值的东西。另一角度当下环境变化为设计带来了趋势的影响，环境成为设计思想里重要的构成意识。我认为室内设计和环境艺术有着血脉上的联系，但不是环境艺术，环境艺术 20 世纪 90 年代发展成为一个独立行业，但是回归的冲击将是巨大的。当人类带着环境意识重塑专业的时候，将产生更多无法预知的可能性。当代性在周围的设计当中，应该表现出形态是没有结果的。最重要的是思想，如何把这个思想的精华通过各种媒介，各种组织传播出去，才是设计当代性的精华。

行业竞争、产业链

第三桌主席葛亚曦：

1. 时代进入各行业都有可能变迁的状况，设计、设计师都是产业链条当中的构成分子。今天认知发生变化，当设计处在创意产业落后的境遇下，我们是否要打开思路关注一些更前沿模式，更成功的行业结构关系。

2. 行业内的良性竞争和版权机制急需推动。行业合作的前提，必须建立在契约精神为根本，对规则和标准的建立基础上。

3. 关于设计师对于对创意产业的一个思考，设计师的站位要千万极致。用国际的视野学习，用科学的方法设计。没有有效的沟通跟链接，没有有效尝试，没有互相的支持，产业链将无法发生。亦或许在讨论中已经有一些新的产业生产方式，还不被我们了解，不被我们共识。

设计企业的规模、共赢、行业化推进

第四桌主席沈立东：

1. 小而专，大而强。设计企业的规模只是客观存在。业主有自由选择权。对设计师和设计管理者，也无需要关注大与小，因为各有优劣，但要有所长，要有提升的能力。

2. 由于业务知识相通，客户相通，人力资源相通的人才竞争。更关注当下设计企业如何通过和互联网整合，互相协同，整合资源共同发展。

3. 亟待推进中国的设计行业化，特别是室内设计行业，发挥大企业引领行业前端的优势，以及小企业领域精分的优势，共同协同设计，推动行业的生存发展。

向东向西，东方美学的传统与传承

第五桌主席陈卫新：

1. 创新不再是单纯的创造新形式，在原有形式上的精进也将是当代设计创新的重要内容。精进型创新或许是将来设计存在的生命线。亟待构建的行业产业链和商业链推动将为设计的创新提供更有力的工艺和推动基础。

2. 东方特有的精神生活方式让东方的传统和设计更多的指向个体内在，有归属感的传统才会被传承。在全球化发展语境下，东方、西方不是对立的，应该是互相参照的。工艺不能代表文化传统，但当下设计离不开工艺支持。

3. 传统到底是一种负担，还是我们的设计资源？先要着手于做，把传统整理好，在不了解传统的情况下，无法判断到底是资源还是负担。我们现在可以做的是向下扎根，向上生长。

4. 想要让东方成为世界的风尚，除了有好的设计，还要找到正确的传播语言，以及强大的商业推动力作支撑。

论坛花絮

2016 中国设计创想圆桌论坛讨论现场

创基金理事为圆桌主席颁发感谢证书

圆桌主席观点发布

2016 中国设计创想圆桌论坛嘉宾合影

第三部分

中国设计创想论坛文集

2017

主题：

设计·生活

9月16日，由创想公益基金会主办的2017中国设计创想论坛在北京浓情盛放。本届论坛围绕"设计·生活"主题展开，为公益人、设计师和大众带来了一场对生活、设计富有启发意义的思想盛宴。创想圆桌论坛聚焦于"设计·生活"这一主题，邀请了各个领域的专家学者、艺术家、媒体人、设计师和策展人，共同讨论设计与生活的当下和未来，艺术设计的社会责任和人文关怀，探索设计回归生活本源的路径，设计师与社会大众在互联网语境中新的关系和联结。

主题阐述：

生活启发设计，设计优化生活。设

计本就为生活质量的提升而存在，

不仅关注生活的内涵，更创造生活

的形态。让美发生在生活的每一个

角落，之于生活，之于社会，之于

时代，设计也是一种能够改变人类

历史和发展的发明！

一圆桌一议题

探索设计回归生活本源的路径

设计·生活

朱青生　国际艺术史学会主席　著名艺术评论家

梁志天　创基金理事 2017 年度创基金执行理事长　国际室内建筑师 / 设计师联盟（IFI）2017-2019
年度主席

唐克扬　南方科技大学教授　策展人　艺术批评家　建筑设计师

梁山鹰　蚂蚁金服支付宝 UED（用户体验设计）负责人

魏一平　《三联生活周刊》松果生活 CEO

费　俊　艺术家　设计师　交互北京发起人　央美博艺创意总监

张晓栋　书籍艺术家　龙鳞装非物质文化遗产传承人

卢　林　香港知专设计学院院长　香港专业教育学院（李惠利）院长　香港职业训练局设计学术总监

圆桌观点阐述、讨论及总结

设计·生活

设计·生活

主题：设计·生活
圆桌主席：朱青生
出席嘉宾：卢林、唐克扬、费俊、梁山鹰、魏一平、
张晓栋、梁志天

引言:

我们的生活往往离不开设计，在当下的生活环境，人们需要透过创意去解决日常不同所需。而设计就是，身处于不同的时代和不同的生活模式下，所产生的不同的创造力，特别是人们在不同的阶段和经历之时，创作出来的东西又不一样。

加之现今人们的生活水平不断提高，愈加注重生活质量，每一个微小的细节都变得很重要。设计并不是抽象地纸上谈兵，而是以一种很实在的方式，带有美的触觉和具体的方法去解决问题，并满足所需。

设计和生活之间的关系

朱青生

今天我们所讨论的主题是正在变化的生活和我们将要重新加以设计的设计，它们之间到底是怎样的关系。这样就会把一个庞大的题材，也就是生活和设计的关系问题，转化为基金会要推进的工作，作为我们简短的时间将要表述的意见，把它尽可能地结合起来。

卢林

作为一名教育工作者，我所面对的危机是科技带来的问题。以手机为例，大家已充分接受它作为生活中很重要的一部分，因此也就不自觉地放弃了它们外形的不同。这是其一。其二，手机中携带的软件算不算是设计呢？它们和外形之间的设计有什么分别呢？关于设计的教学方法，是不是也由此要进行改变呢？这是我一直没有解决的问题。概括来说，是不是现在到了内容比外观更重要的阶段？以后的设计教育不用再担心外观设计了，而重要的是内容和理念？我也希望听取大家的意见。

朱青生

卢林先生为我们提出了一个关键性的问题，即当把对经典的欣赏转变为对国计民生、人民生活直接相关的一个时代时，我们又在被新媒体所挑战，而这个挑战又是极端的猛烈，渗透到我们生活每个方面。作为我们最日常的交流工具，手机已经趋同，让我们不得不反思，当外形被忽视的时候，我们如何看待设计作为一种外形设计和人生活的关系。这已经不是要讨论的问题，而是该应对的挑战。

唐克扬

在大众消费社会，用脚投票的方式不利于设计的健康发展。很多人都买的东西就是好东西，不买的东西就不是好东西吗？所以设计应该有思想。很多时候，当我走出大学校园，走出博物馆的时候，发现在一步之外的这个地方变得不能看了，很糟糕，不仅仅是因为设计本身好坏的问题，而是因为设计本身是基于一定语境的。在中国，设计应该有一个统一的标准，即如何在有限的条件下，让人享有一种愉悦的生活，解决一些眼前很迫切的真实的社会问题；设计还需要有思想。创新意味着思想的创新，不仅是改变设计的技术，而且改变设计的前景。我们这个时代跟历史上两个时代类似，一个是佛罗伦萨时期，一个是包豪斯的时代。

朱青生

唐克扬的一席话让我们感悟到，设计，即便如此也要有思想。这个思想还要有前提，即时代和地域。他讲到了佛罗伦萨和包豪斯所代表的两个关键时代。佛罗伦萨是有艺术学院成立的地方，世界上最早（1460 年左右）的艺术学院就在佛罗伦萨，但是一百年都没有建成，直到 1563 年才建成世界上第一个艺术学院，也就是佛罗伦萨美术学院。经过多少年变迁，直到包豪斯时期才变成了美术学院教设计的样子。他提出这种希望与追求，归根结底还是对自我的要求，显示出设计师对人文科学的理想。

费俊

我作为教育工作者、交互体验设计师、业余策展人的三个身份其实都面对同一个关键词——改变，包括产业的变化、社会语境的变化等等。今天我们来谈设计或者谈设计教育，离不开三个维度，第一个维度是社会维度，第二个维度是科技维度，第三个维度是设计维度，这三个维度叠加为一种更加全息的设计教育的模式。这三个维度也同样发生在产业，以及和此相关的所有领域中。

去年在美国硅谷发布了一份《科技中的设计》的报告，将设计的定义重新定义为三种类型。第一种为经典设计或者传统设计，核心是以物体为核心的设计方式，比如设计一件家具、一件衣服，或一件首饰。第二种类型为设计思维，其核心是以创新思维的设计方法，这一理论的提出不是在艺术和设计学院，反而是在斯坦福这样的商业学院——设计思维在商业学院已经成为重要的课程。第三种类型叫作计算设计，是以数据为核心，特别是以亿计的用户为核心，以系统化设计作为方法和路径的一种新的设计方式。

回到三个维度——社会、设计、科技来看，最重要的两个创新驱动力，就是设计和科技。今天我们再谈设计的时候，不得不重新拓展设计本身的定义，从以美学为基础，以改善外观，改善视觉为核心，拓展为以获取解决方法为核心，无论是思维方法还是创新方法。这个定义的拓展恰好反映在我们策划的一个展览中。展览的主题为"设计不在"，探讨如果设计不在，那么设计在哪里。我们以开放性的问题，激发所有人去思考设计究竟在哪里，似乎在所有地方。我们想探讨这样一个概念，即这个所谓的"设计不在"，指的是设计不再仅仅停留在物体上，也不仅仅是对于设计的一种传统、固态的认识，而是关于物体以及和它相关的所有上下游。它可以存在于具体的空间中，也可以在虚拟的世界里。在这样无所不在的语境中，我们作为设计师，作为设计教育工作者，如何面对新的挑战？如何用更加多维度的设计认知方法，以及设计教育方法来作为对实践的指导，以及新的策略？这也是我个人致力的研究方向，即设计的文化和社会创新，以科技作为重要的驱动力，设计作为重要的创新方法论，去面向社会问题，文化问题，把设计真正放在以设计为导向的语境中进行实践。

梁山鹰

我在阿里的体系里，深切感受到设计师的数量在当下实际是在急速扩张的，就淘宝来说，面对的就是几百万设计师。通过互联网的发展，消费用户体验设计的受众数量也在极速扩张。所有用户体验的设计，都可以在被千万级，甚至亿万级的用户立刻反馈。在这种情况下，设计师和受众之间的关系是什么？以互联网从业人员的角度来看，他们的教育是相互的。设计师的成长同时也是设计受众的成长，这两者之间的教育实际上是相互的。

我的观点是，为更好地迎接新技术的来临，我们还是应该把设计教育的基础打扎实。举例来说，当下影响互联网体验设计的最主要的思潮还来自于 20 世纪，如包豪斯或者平面设计风格的理论，这些理论导致了后来所我们看到的，苹果转向扁平化等。新技术只是外面的一个套子，里面是什么？里面还是功能大于形式，一切以内容为主，以用户为中心的思想。所以，每当我听到互联网设计的从业人员谈新技术的时候，我反而总希望把大家往后拉一下，把基础性的东西打牢打扎实。

魏一平

前段时间我们都在关注一个热点，就是许知远和马东在"十三邀"节目中关于 5% 和 95% 的问题，即精英和大众的问题。作为一位媒体从业人员，我们更关心的是有没有 30% 和 40% 的概念。在我看来，现在 00 后、90 后成长起来后，会存在 30% 和 40%，他们对生活品质的需求将有明显的提升，这会倒逼设计师们提供更好的产品，并以更好的产品建立和大众更好的关联。从媒体角度来说，设计和生活的连接无非有两种，一种是内容的连接，第二种就是产品。对于前者，某种程度上就是设计师和媒体一起面向大众，发起一种新的审美运动。早在 10 年前，三联生活周刊提出了一个词：物质审美分子。看三联的人会注意到我们在每本杂志的前面有四页的内容叫"好东西"，这是在 20 世纪 90 年代时就开始有的一个专栏，当时基本上还是国外的奢侈品或者概念性的东西，还没有进入到国人的生活中来。今天不同的是，大众媒体不仅仅是作为传声筒，只是把设计师的思想观念和最新作品传播出来，还应该增强互动性，如和设计师或设计团体共同发起一些实际项目，让设计真正渗透到人们的生活中去。

第二个设计和生活的连接手段就是产品。当我们面对一些独立设计师找到我们希望在我们的平台上销售时，我们会感到困惑，因为无从判断这个设计作品跟大众之间的需求到底有多吻合，质量怎么样，从产业的角度来说是否有发展前景。一个老生常谈的问题是，我们有那么多独立设计师和他们的产品，但为什么我们一直没有类似于无印良品，能够面向 30% 和 40% 人群的品牌性的商品？关于产品的连接性问题一直困扰我。也就是说，今天的设计师如何能够给大众提供更好的产品和空间，空间也是一种产品。与此同时，大众媒体又该如何从内容和产品两个角度更好地放大设计师在新的消费和新的审美运动下的作用。

张晓栋

关于设计与生活这个话题，以前真的没有细想过。从现在开始，当我认真考虑这个问题的时候，可能就是认真去生活或者真正去生活的开始了。

我在选择做书籍设计这个行业的时候，我的老师跟我说，"如果选择从事这一行业，可能不会赚到太多的钱，但有无数的可能，首先你会发现里面有无限的乐趣，你想要生活和满足的东西都在里面。"的确如此，我经常说书籍就是文字栖息的建筑，这里面可以装下世界上所有的东西，甚至把宇宙放到里面都可能还有富余。这样的空间，足够大，足够广，可以让我们玩得很 HIGH。

书里的原始代码就是文字和图形，它们构成书籍的建筑空间；又如同拥有上帝之手，在那样的世界玩构造一个很有趣的空间体系。所以作为书籍设计时，我们在去思考和创作的时候，更多的关注和发现的是别人没有发现的另一个空间，从而将它们跟外界交互的方式呈现出来。这些是为了什么？都是为了很好的生活。但是我并不知道很好的生活是什么，因为每个人对很好生活的定义都不同。记得我去印尼的乡村探访，看到每一家，看到每家的院子很漂亮，还有一个神坛。我不知道他们为什么这样布局，为什么这样安排空间构造，当地人解释说这是祖辈传下来的。这让我思考，设计本身不仅仅是甲方和乙方的事情，其实还存在一个看不见的丙方，这就是时间。我们要拉到更长的时间里看待设计的问题，不仅仅是今天、明天、10 年、20 年、100 年，甚至更久更久的时间。

梁志天

一般人对设计的简单理解就是通过设计去感受生活，而生活就是简单的吃穿住行，但是我认为这些不够。设计也不是仅仅谈些新中式主义或者现代简约主义。我们应该把眼光放得更远、更高，更广泛、深入地理解设计和生活的定义。在担任 IFI 国际室内建筑师设计师协会主席后，我对设计和生活有两个新的感悟。第一是环境；第二是社会问题。我们正在面对越来越严重的全球变暖、空气污染、人口老化等问题，还有很多地方面对更严重的贫穷、饥饿等问题，室内设计师责无旁贷，应该自己的专业才能，对社会、地球以及全人类的健康做出应有的回应和贡献。IFI 制定了六大平台，作为室内设计发展的方向，第一是健康，通过充分了解并考察其决定性因素，如空气、水、光、营养、舒适度、便利等元素，以设计提升人的健康水平和健康感受。第二是环境管理，通过设计，创造可持续性、适应性强的低碳、健康的生活环境以及宜居社区。第三是设计师对设计的责任，以设计来解决贫穷和疾病的问题，改善基本的社会环境。第四，应变的方案，面对诸如地震、海啸等天灾，我们需要通过研究，探讨建筑抵抗环境风险的途径，探索出可持续发展和应对气候变化的方案。第五，普及设计，创造更广泛的设计，满足不同人群的需求，普及设计的发展也与人口老化有密切关系。第六，是经济的策划，以设计提高建筑环境的整体价值。综上所述，设计不应该只追求眼前的美感，而应该照顾到地球上的每一个人，立足现在，看得更远，共同努力，把我们的生活变得更健康、更美好。

新技术、新方法对于设计的挑战和危机

卢林

我们似乎一直都在寻找新的美感的发展，也许觉得古典设计已经走到尾声了。我还是一个喜欢用黑胶片拍照的人，因为我喜欢黑胶。如今，教学的方法围绕让学生能够跨界，诸如学平面设计的一定要学时装设计，一定要明白用什么材料。打破界限，需要各个学科专业进行合作。

科技的发展必然给我们带来新的想法，新的美感，和新的设计方法，这一点我觉得很重要。

张晓栋

我还有一个身份，是龙鳞装非物质文化遗产的传承人，龙鳞装是一种古老的书籍装帧方式，最早出现在唐代中叶。其实无论我们身处何方，我们还是需要遵循表达的形式和规律。比如以前用胶片拍照，现在用数码相机，不管哪种选择方式，我们最终想表达的是，如同借助摄影、相片这种形式，来表达我们看待世界的视角。正是因为每个人看世界的角度和方法不同，所以才构成了丰富多彩的生活方式和生活态度，同时这也使得不同行业、领域的人员，比如在座的设计师、媒体人和评论家等，能够进行跨界交流。我认为，所有的材料、应用都只是工具，最终表达的东西都是一样的，尽管表达的方式和手段各不相同。比如，当我们看一幅艺术作品，当我们聆听一段音乐，在数学家和物理学家的眼中会有不同的呈现方式。但这些东西带给我们的愉悦、带给心灵的舒适才是最重要的。

关于数码设计与古典设计（新美感与古典美感）

费俊

设计人才是分很多种的，它不是一个简单的定义，在我看来设计人才至少可以分成三种类型，技能型、全能型和智能型。这三种模式并非有高低之分，而是由它所面向未来的职业环境决定的。如何在一个教育环境中，满足多种人才的培养？是当今设计教育界面临的挑战。我们要通过艺术、学术和技术三种课程相互配合，换句话说，设计其实是没有严格的学科之分的，一旦进入到设计学院的语境中你会完全自由，可能上午在学习传统的材料和工艺，下午就在学习如何用代码，我们不再讨论、纠结关于设计学生的培养问题。更具体一点来说，我们能够为学生提供哪些设计基础？我简单分为五种类型。第一是战略设计，第二是设计思维，第三是高新科技，第四是行业设计，第五就是设计理论。我们今天看待设计师，已不再仅仅以传统意义上产业设计的方式来看待，更多维度的评判标准和知识架构模式给了学生自由生长和自我塑造的能力，换句话说，今天我们对设计的定义必须要包容、开放，我们不需要一直坚持一种模式。

梁山鹰

提到新美感，我有一个困惑，我们的古典美感建立起来了吗？或者大众感知的美感是属于古典美感还是新美感？这是我比较困惑的。我算是走在产业最前线的代表，比如支付宝进行线下推广，需要散播大量的二维码，算是一种运营的需求，希望大家看到了以后都去扫码，领红包，促进你使用我们的产品。当运营提出这个需求的时候，做设计的人就会想，怎么可以让它更符合美感、更有创意性。但是从运营的角度来说，这些二维码都是贴在饭店、馄饨摊和烧饼铺这些地方，在这里消费的人最喜闻乐见的是财神或者大红包，越大越好。在这种环境下，我其实不知道受众应该需要古典美感还是新美感。回到我的工作，大家现在都面临着某种程度的危机感，尤其是传统设计行业的人，因为有了太多的新技术，包括 AI、AR、VR 等等。之前马总到支付宝开了一个会，跟大家解释新技术来了我们要做什么事情。马总说有逻辑的事情一定是会被取代的。什么叫有逻辑的事情？比如下棋，或者写代码，就是一板一眼、一步一步推理的这些东西肯定会被人工智能取代。不能被取代的东西是什么？我想这就是各位设计师在做的事情。这些新技术并不会让大家失业，因为设计师所做的工作是具有创造性的。

唐克扬

中国人经过长期的历史竞争之后，似乎比较喜欢用二元的思维方式，要不特别接地气，要不就是钻牛角尖。我为什么学设计呢？我本来学习的是理工科，但是当我有了诸多学科的经历以后，我发现任何学科都会援引外部的思维方式，更多的不是存在与此或彼，而是在两者之间。设计处于现代社会的转折点，是一个很重要的组成部分，一个是头脑，一个是手脚，只有头脑和手脚也不是一个健康的人。我非常理解，为什么中国人做设计没肉吃，现在大家要吃雪花牛肉了，肉的摆相也变得很重要了。毫无疑问，我们已经度过了这个匮乏的阶段，必然进入物质和精神相互作用的阶段。设计很难是一个技术问题，在技术的层面理解你睡的床是不是舒适，既是取决于你此刻的身体，也取决于我们这个民族的身体。坐在椅子上，如果正襟危坐，时间长了以后，你的舒适度要求一提高，你就自动下来了，这不是完全生理的需求，主要是你对定义的需求，比如怎么定义人和物的关系。我们的理论不是为了恢复所有的历史，而是要推出一种新的、此时此地此人此物的关系，而不是又找一个新的理论，这个信息一直是在变化，既不完全基于万物，也不是造物，而是基于一个更好的平台。

魏一平

结合卢林老师主旨发言时候提出的问题，外形重要还是内容更重要？我更愿意把这两个问题结合起来看。其实不管是古典美感还是新美感，我认为一定是内容最重要，这个内容不单纯是传统意义上的传播文字和图像，还包括内在的价值等。比如苹果产品不管是哪种样子，它里面的内容、功能，所承载的东西，都极大地改变了我们的生活。所以新美感到底能不能超越古典美感，我认为核心还是看能不能从内容的角度上跟大众之间建立一个连接。媒体人在其中扮演着怎样的角色？专业设计类媒体可能更多追求设计师背后的思想、理论等，大众媒体更多从用户、读者和受众等需求出发来做嫁接。未来如果在内容上我们能够嫁接的话，特别挑战的一点是，我们能够找到一种什么样的形式？这种形式有时看起来比较表面，但是它对内容的传播来说又非常关键。比如马东说他找到了带有综艺性质的辩论节目。所以设计师如何与专业人士和大众之间建立连接？或者是一系列节目，一个纪录片，还是文章、图像和影像，或者其他创新性的直播的形式等都可以考虑，只有找到了介乎于大众和专业人士之间的黄金分割点的形式，才能很好把内容扩大、连接。

设计即媒介

费俊

刚才谈到设计即媒介，我想换一个词来回应这样的定义，体验即内容。我们通常会把功能、造型或者内容的形式做二元的划分，其实在我看来，今天为什么说体验即内容？举个例子，今天的空间设计，可能不仅仅是为用户提供空间的信息。比如我们去看一个展览，以前可能是获取信息的一种行为，但今天我们能够获得越来越多的体验，尤其是以新媒体为核心的展览，这种体验意味着不再简单地传递信息，而是提供体验场所，在我看来，体验在某种程度上就是内容。即，我们创造一个空间，不应该仅仅只考虑这个物理空间所能承载的信息和用户之间的关系，更多要考虑的是混合空间能够营造何种体验，这个混合指的是建构出的物理空间和数据技术营造的虚拟空间。我认为，未来这种混合的方式会成为媒介形式的重要趋势，不仅仅是虚拟或者是物理，而是非常有机的融合在一起。这种新的、以体验为导向的设计方式，要求无论是建筑设计师、室内设计师，还是从事数字媒体的设计师，都应该学习如何以混合目标为核心，而不是以我的专业为核心。

卢林

数码媒体，二三十年前已经有很重要的地位，而且对我来讲，这已经是一种新美感。但是问题是，对我来讲，新美感，应该不是新的古典美感。比如海报设计师在设计一个音乐会海报的话，一定要很清楚地告诉别人，音乐会在哪里发生、什么时候开始。就是说如果我们做设计的话，还是应该把这些信息放在主要位置，这就是新的古典美感。有一句话是"群众的暴力"，我觉得很震撼。我们在香港，也有过这样的讨论，譬如说，在超市里面悬挂的那些张贴物，是不是都是有美感的东西？还是群众新的美感？今天我们的题目是"设计与生活"，其实这才真正代表了生活的真实性，因为老百姓就看看超市里的广告，他们完全明白，但是一个设计师看的时候，他不会看，因为太难看了，因为学校老师说不能看，不能学，不能做，但是这种是不是新的美感？刚才我说了，很多年前做的东西完全是没有逻辑、没有先后的做法，是不是现在就变成了新的美感？我不敢说，因为大家都不知道什么是新美感。归根结底，我们应该从不同的方向去研究、探索。群众的暴力性审美其实我非常欣赏。

梁山鹰

我想回应费俊的问题，对于学术的培养来说，我们可能注重多方面的能力，我想和大家分享一下，我们互联网公司对设计师的要求也开始发生变化。以前大家经常听到视觉设计师、交互设计师和动效设计师等等都是分开的。随着时代、技术和人民群众需求的变化，我们对设计师的要求变成全链路的设计师。即，一个设计师不再只负责片面的内容，我们需要的设计师是从头到尾，整体链路，包括用户在什么情况下知道你的产品、怎么样接触你的产品，怎么样下载你的产品，使用你的产品，到进了产品以后，跟用户之间交互的关系，以及交互关系完了以后达成了他要达到的目标以后，他的满意度或者他使用的转化率，层层递进，一直到最后，可能我们有数据上的反馈，所有这一套链路，你都要了解，这个里面包括了设计，包括了心理学，包括了我们说的新技术、动效，所有这一切的东西。我们现在对设计师的要求，希望他从头到尾能够跟着用户，并且跟着我们商业的目的来完成整个链路的设计，这和以前的设计可能有不同的地方。以前可能只是设计一些海报，把这个海报贴在超市或者电影院门口，设计师很难知道它的效果，但是现在的互联网技术可以让你随时随地知道周围人流量多少、受众分布情况怎样？点击情况怎样？商品的转化率多少？等等。回到古典美感和新美感的问题，我觉得新美感的建立分两块，一块是用户的反馈，用户的点击率或者转化率，这块会对我们的设计产生很大的影响，以前做完贴出去不知道效果，只听到业界对你的评价。但是对于真正看你的海报、希望从中得到内容感知的人来说，并不可能以现在这种数据化的手段知道最后的结果，但是这不是全部，这可能是 50%。还有另外 50% 是我们设计师需要引领的，需要去教育观众的。给大家举个例子，谷歌最开始的时候是非常非常注重数据化的东西，包括它网页上面 10 条蓝色的链接，那的链接应该用什么颜色，他们会用几十种不同的颜色测试，什么样的点击率最高，测算出最好的结果，当时谷歌第一个视觉设计师后来辞职，到推特里面做创意总监，他发表一篇文章，强烈批判了这种完全以数据为主的行为。我刚才跟大家说了，设计师为什么不会消亡，不会被人工智能取代？因为我们还有职责，我们需要以美学的角度来提醒社会，要不然所有东西都会被数据化，人生在世还有什么意义？你生下来以后，根据你住在哪里、长在哪里、父母是谁和前三代关系等等，计算出来以后你应该做什么事情、做什么事情成功率最高，这些算出来，可能有一定的借鉴意义，但人生更多的是人为的，不可以用逻辑完全说清楚的东西。

朱青生

梁山鹰老师从互联网设计管理的角度提出问题，对我们来说至关重要。因为我们有时候会担心大多数人的决定是否就可以引导美感这个问题。实际上对我们来说是一个数据问题，但也是文化取向问题，所以他刚才提出了第二点，作为一个设计师的引导作用，实际上就是精英的美感，也就是作为一个灵魂，作为一种有自我理想，并且不受大众影响的责任感，到底何为的问题，这就给设计师提出了更高的要求，设计师既要有社会责任，也要有对社会未来的责任，它呼应了梁志天先生提出设计六原则。

圆桌主席观点发布

设计的责任与价值

朱青生

我们今天讨论的问题，表面上是从美感问题开始，但是归根到底还是艺术和设计的责任所在，美感是我们做设计的基础。为什么要设计？是因为生活的实际情况并不能让我们满意，所以我们才要通过人的作为，使之变得更加的美好和完善，所以才有了设计这个行业。但是，我们今天发现，设计根本不是一个装饰问题、表面视觉的问题，它已经走向了人的问题，在这个人的问题中间，我们看到了设计行业中设计者和接受者之间的关系正在发生深刻的变化，这个变化从某种意义上来说，是真正民主价值的到来。在互联网时代，并不是说你有一个好的设计就会获得关注，而是你所有设计都被接受以后才可以，这个情况就是我们今天看到的、设计界中设计者和接受者之间的关系。当然，这会带来一些弊病和问题，过去是甲方作为主要的权利者干扰着设计师的想象和作为，但是今天有可能是太多的普通人并没有进行生活的思考，也没有机会细细体验生活的人，这种大多数人，不得不承担平庸的生活、产生平庸的需要，使得我们的生活质量和设计水平会有所限制。但是，我们在这个过程中也看到了，无论是年长的设计师，还是年轻的设计师，他们都开始有一种责任，即通过设计来表达对社会的关怀。

我们今天的设计，实际上随着时代的发展发生了变化，就像我们每个人一样，都处于变化之中，身上既带有古典的遗迹，同时也遭遇了最新的技术，以及社会变化所带来的冲击，我们是在这样的交织中展开了问题的讨论，而这个交织，由于现在的时间和速度变得很快，使得这种交织变成了焦虑，这既是设计师的焦虑，也是所有人的焦虑、社会的焦虑。比如，过去对于美感的认知都是由少数的艺术家以自己的才能展示给大家的，装饰不仅仅是对生活进行补充，也要通过一种设计来体现占据统治领导地位人群的权利和思想，甚至通过这种方法对大部分人进行统治和压迫的时候的需要。大家想一想金字塔，它是不是一种设计？不仅是对活着的人进行统辖和压制，而且在死人的世界建造了一种系统。当一个人在活着的时候他不能违背这个制度规范，死了以后也无法逃脱他设计出来的系统，人可以有什么样的作为，人只有在奴隶的状态下服从，那是古代的艺术和美术给人的要求。随着包豪斯为代表的工业时代的到来，人们更注意市场，更注意普通人自由的选择，特别是包豪斯时代的到来，包豪斯将抽象艺术做了基础普及，表面上看起来它似乎脱离了传统，实际上它脱离了用传统作为统治力量的权利，如此一来，我们每个人都有了自由，来寻求自己的方向。这个时候，我们就有了工业设计，工业设计表面上好像是技术问题，但更多的是如何让所有人都能分享设计的成果，从而过上有尊严的生活。包豪斯在这点上，虽然造的是房子，或者一套工业产品，但是他带来的精神诉求却是让我们的价值往前提升，但是这个时代已经过去了。

今天我们已经到了互联网的时代，一个更新的时代，每个人的价值是独一无二的。我其实更想强调的是，今天的设计师既不是仅仅用铅笔能够完成素描，熟练传统艺术学院的技术问题，也不是设计学院从包豪斯开始一直到现在为止使用的方面，每一位设计师真正的设计方向就是当代艺术，当代艺术就是不间断让人思考，并且脱离思考的能力，不断的挣脱一切枷锁，创造各种可能性，这种创造对于设计师的要求变得非常重要。设计师承担了过去只有神和上帝才承担的事情，就是他在建造世界。我们的设计师，他可能建造出来的世界不再是自然，不再是社会，而是人类的和谐未来。

论坛花絮

2017 中国设计创想圆桌论坛交流现场

台下观众向圆桌嘉宾提问互动

圆桌主席朱青生先生观点总结及发布

圆桌论坛交流互动

圆桌论坛嘉宾合影

第四部分

2015-2017

创想公益之路

创基金使命：

求创新·助创业
共创未来

创基金，作为中国设计界第一家自发性公益基金会，自 2014 年成立起，始终以设计教育的传承与发展为己任，帮扶、推动设计教育、艺术文化及建筑、室内设计等领域的众多优秀项目及公益活动的开展，至今所运作、资助的公益项目逾 50 个，得到了设计行业和社会各界的高度认可与好评。

C FOUNDATION
創基金

未来，基金会还将继续秉持"协助推动设计教育发展，传承和发扬中华文化，支持业界相互交流"的美好愿望，呼吁更多的行业人士关注慈善、参与公益，呼吁更多的人回馈行业、回馈社会！

成立背景

在一次偶然的交流中，设计师们不约而同地聊起了设计教育与传承问题，他们希望能够设立一个以设计教育和传承为主题的基金会，为年轻人提供一个良好的学习和交流的机会、为业内提供与设计学术有关的专项奖学金及资助金等，并为有需要的机构或个人提供公益设计服务、希望能够借助自身的力量，为中国的设计行业不断培养和输出人才，回报行业，回报社会。

宗旨

资助设计教育，推动学术研究；
帮扶设计人才，激励创新拓展；
支持业界交流，传承中华文化。

创的宣言

这是一个美好的时代，这是一个创意的时代！每天，我们都在经历那些创意给我们带来的体验，给从事创意产业的设计师无尽的施展空间。

在我们每一个人的成长历程中，时代发展、社会进步、师长提携、同行鼓励，为我们提供了太多帮助，今天我们也希望尽自己的绵薄之力来回馈社会，回馈行业。我们希望成立创基金，让大家一起来建设我们的行业，把每一份拳拳之心汇聚起来！

我们感恩这个时代，让不同世代、不同背景、不同领域、不同理念的设计师走到一起，共同发起创立这个基金会，并且成为创基金的第一批会员和义工。

我们希望创基金能够成为一颗火种，一传十，十传百，代代相传；我们希望把它奉献给我们的热爱的创意产业，我们邀请我们的朋友们共襄盛举，一起来为行业发展建设添砖加瓦，在一个公益的平台上平等、友爱，一起前行，为创意产业的发展尽一份心力。

发现创意，支持创业，鼓励创造，激发创作，促进创新。

继往开来，创基金。

创基金创会理事

左起：姜峰 Frank Jiang、林学明 Sherman Lin、琚宾 Bin Ju、梁建国 Jianguo Liang、孙建华 Troy Sun、梁志天 Steve Leung、梁景华 Patrick Leung、戴昆 Kun Dai、邱德光 T.K. Chu、陈耀光 Yaoguang Chen

创基金执行理事

左起：琚宾 Bin Ju、梁建国 Jianguo Liang、吴滨 Ben Wu、张清平 Chang Ching-Ping、戴昆 Kun Dai、陈耀光 Yaoguang Chen、邱德光 T.K. Chu、姜峰 Frank Jiang、林学明 Sherman Lin、梁景华 Patrick Leung、梁志天 Steve Leung、孙建华 Troy Sun、陈德坚 Kinney Chan

监事及顾问

创基金除了由十位室内设计师担任理事，更邀请了中国室内装饰协会会长刘翊先生、中国建筑装饰协会设计委员会主任王铁先生及中国建筑学会室内设计分会会长邹瑚莹女士担任基金会名誉监事。

创基金同时聘请了安永华明会计师事务所（特殊普通合伙）担任审计师，出具独立的审计报告，以确保基金会运营的公平、公开、公正，账目透明清晰。

创基金聘请广东华商律师事务所担任常年法律顾问，为公益项目的规划、决策、实施、事后评估等事项提供全程的法律服务，协助创基金建立健全规章制度，更有效地持续运营。

资助型公益项目

01 创基金"四校四导师"项目

2015 年起，创基金开始全额资助"四校四导师"实验教学课题，至今已连续资助三年。"四校四导师"
实验教学课题是中央美术学院王铁教授发起，与清华大学美术学院张月教授共同创立 3+1 名校实验教
学模式。"四校四导师"教学理念打破院校间壁垒，坚持实验教学方针，落实培养人才的落地计划，
改变单一的教学模式，迈向知识与实践并存型人才培养战略。其成果得到了国内众多设计机构及企业
的高度认可，已成为国内最具影响力的实践教学项目之一。

匈牙利佩奇大学 –2017 终期答辩

青岛理工大学 –2016 中国环境设计专业
本科及研究生实验与实践教学研讨会

中央美术学院美术馆 – 2015 终期答辩

02 包豪斯研究教育出版计划

2011 年 5 月 9 日，中国美术学院包豪斯研究院正式成立，全面负责包豪斯藏品与现代设计教育的研究、展示、出版，以及中国国际设计博物馆的筹建等工作。2015 年起，创基金携手中国美术学院包豪斯研究院，开展"包豪斯研究教育出版计划"项目，至今已持续三年。研究将推动"包豪斯"这个现代设计源头的再发现与更新，促进中国现当代设计教育与实践发展，以期为推进 中国现当代设计教育发展探索出一条可持续发展的道路。

03 两岸学生手绘设计奖及交流活动

两岸手绘设计奖于 2011 年发起，2016 年起创基金开始持续资助并指导。2017 年，大赛以"自创品牌展场空间设计"为对象，以"文创手工艺品"为主题，参赛院校增至大陆 11 所、台湾 4 所，参与的两岸大学生同时倍增，影响面不断扩大。竞赛后于两岸择优选取学生，参加文化交流和创意设计的工作营，为年轻学子建立良好的学习交流机会。

2017 两岸学生手绘设计奖颁奖典礼

2016 两岸学生手绘设计奖颁奖典礼

04 大运河 2050 —— 大运河文化遗产与城市发展

"大运河 2050"是创基金重点资助项目之一，自 2015 年起对大运河开展的系统研究给予支持。项目课题组由中央美院建筑学院院长吕品晶教授带队，将对如何重新挖掘、保护、活化大运河的历史文化价值，进行深入调研并作长远规划。项目所有研究成果资料将整理出版，将对运河历史文化遗产继承与保护、运河城镇空间规划与发展等方面做出巨大贡献。

05 重思贝聿铭：百年诞辰研讨会

"百年诞辰研讨会"将于贝聿铭 100 岁诞辰之际举行，旨在从与他切身联系的两个地区——香港和波士顿出发，用崭新的眼光看待这位伟大的建筑师。研讨会将有助大家更深入、广泛地理解和研究这位建筑界的先锋人物，以及贝聿铭和全球、跨国建筑景观中复杂力量因素之间的相互形塑。

照片：Victor Orlewicz
鸣谢：Pei Cobb Freed & Partners

在哈佛大学举办第一场研讨会

06 设计与人工智能交叉学科研究报告

通过资料与技术的相关研究，联合学术与行业专家共同撰写，形成设计和人工智能在学科层面和实践层面具有深度的交叉对话；深度研究设计和人工智能结合的可能性，以及人工智能对设计行业的挑战和机遇；并联合行业与社会媒介共同发布及免费下载。

"人工智能与设计的未来"深圳分享

07 《正在消失的村落》纪录片系列

2017 年，创基金通过首期项目征集，启动对沈少民老师《正在消失的村落》纪录片的公益资助。该项目着力对时代性、社会性的城乡边缘村落做一次全国性追踪拍摄，既是抢救性记录，也是自我反省的剖析。记录村落样貌的同时，也积极探讨"正在消失"的深层缘由。

正 在 消 失 的 村 落

导 演：沈 少 民 ｜ 执 行 策 划：戴 贤 达

消失的终归有消失的原因
遗留的终将有遗留的价值
家与乡的建筑空间就是装下片片记忆的情境
我们今天能看到的
是通往明天的路
而比明天更远的明天
是我们一代一代人
用灵魂追寻的过程
我们的人生正在走向
一个没有终点的归宿…

08 中国传统手工艺材料图书馆

项目于 2016-2019 年，调研中国 31 个省市的传统手工艺及材料，解构、展示给全世界的设计师，并展示在中国传统材料图书馆中，用材料搭建手工艺人与设计师的合作平台，带动传统手工艺的活化与转型升级。这个获得创基金支持的公益项目，不会向设计师和手工艺作坊收取任何费用，这将是第一个"中国传统材料图书馆"。

09 四川美术学院研究生培养模式改革
——环境设计校企联合培养研究生工作站探索与实践

四川美术学院环境设计研究生工作站，是以四川美术学院为主体，以国内环境设计行业领域的精英设计师与重要企业为合作对象，共同搭建的校企联合培养研究生工作站平台，旨在推动环艺设计行业研究生人才培养模式的改革，探索适宜我国环艺设计行业的精英人才培养机制，为中国的设计学科的研究生教育提供改革经验。

创基金·川美联合培养研究生深圳工作站中期检查工作会

10 Design Matters 设计 × 科技 × 资本大会

融合设计、科技和资本三个领域的最顶尖智慧，通过演讲、对话和讨论的方式探索三者之间的有机关系。设计、科技和资本越来越密不可分，但是三者的专业人士之间的对话却并不充分。各自专业的人往往不知道对方对自己的兴趣和帮助，但是又好奇对方的领域和价值。Design Matters 邀请 9 位在三个领域内具有前瞻性的国内外人物，通过 10 分钟的演讲，30 分钟圆桌对话的方式探讨 9 个相关主题。

11 大栅栏行动计划

以北京大栅栏四合院胡同片区为研究对象，以"微循环、小设计"作为设计策略，以建筑环境和公共设施的设计，通过"情境"而非"景观"的再造，展开北京历史文化街区城市有机更新模式的研究。此项目深化 CAFArch10Studio "以城市研究为基础的建筑/室内空间一体化设计"的教学研究，带入以结构构造材料为重点的模拟及真实建造，探索美术院校建筑教育框架内室内设计教学，立足民生和公益设计，通过初创模型的可迭代复制，参与到更广泛的社会改造中，并将此理念和实践通过展览的方式进行文化传播，获得更广泛的社会认可。

2016 北京设计周 ——"大栅栏行动计划"展览

"大栅栏行动计划"学生作品展示

12 创基金关爱自闭症儿童艺术发展

● 艺术成就梦想——残障青少年艺术之旅

本项目已组织自闭症儿童在华盛顿及纽约的著名博物馆及自闭症儿童训练中心进行参观、交流及学习，为期 12 天。不但可以开阔他们的视野，增加他们的艺术能力和鉴赏力，更能够通过本次活动，增加家长的自信心，增强家庭的和睦和凝聚力。

2017 年在费城自闭症中心交流

● 金羽翼全国残障青少年艺术大奖赛

通过为全国残障儿童举办艺术大赛，发掘具艺术才能的残障青少年，给他们提供展示的平台，为他们的艺术教学和发展提供必要的辅助和资助。这样艺术表达形式，可以开发残障青少年的创作潜能和自我治疗的本能，促进心理健康和身心成长，通过展出和奖励可以提升孩子们的自信心和荣誉感，为家庭带来希望。

2016 年全国残障少年儿童艺术大赛颁奖典礼暨汇报演出

● 金羽翼流动美术馆：2015 年展出计划

2015 年 4 月 1 日，北京，"爱，让我们在一起"金羽翼流动美术馆第 25 站·华贸中心站开幕。理事梁建国先生代表创基金出席开幕式并致辞，希望通过艺术教育帮助特殊儿童提高生活质量，实现艺术梦想。

金羽翼流动美术馆第 25 站·华贸中心站开幕典礼（北京）

● 天真者的秘密花园：2015 爱在蓝天下自闭症儿童绘画展

2015 年 4 月 2 日，成都，"天真者的秘密花园：2015 爱在蓝天下自闭症儿童绘画展"开幕，创基金理事陈耀光先生出席并致辞，希望越来越多的人来关爱这些单纯、善良而且极有才华的孩子。

天真者的秘密花园：2015 爱在蓝天下的自闭症儿童绘画展（成都）

- 创基金＆雅兰"爱·一被子"自闭症儿童资助活动

2015 年 4 月，创基金与雅兰集团合作开展的"爱·一被子"公益项目启动。公益作品"爱·一被子"
是由创基金理事戴昆先生与中央美院绘本工作室田宇老师联手创作，小被子义卖的善款全数捐赠创基
金，消费者每购买一条"爱·一被子"，雅兰都将为创基金捐款 100 元，用于自闭症儿童的资助和培养。

创基金＆雅兰"爱·一被子"公益作品

13　尽物概念商店

尽物概念商店将参加"设计互
联"开幕展，让社会民众更多了
解 CNC 家具和 CNC 设计，激发
设计师们对 CNC 设计创作的热情
与灵感，传达环保节约可持续的
设计理念、弘扬中国传统文化，
推广传统家具设计品。

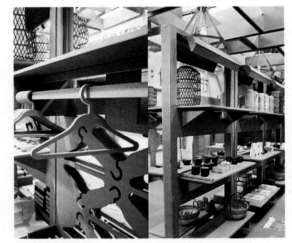

尽物概念商店作品

14　《过去的乡居生活》书籍出版

古村之友在全国各地多处古村考察，收集古村
保护与活化、乡土文化复兴案例的过程中，探
寻到了二位，即优秀的乡土学者朱志强和唐桓
臻先生，并携手创基金及清华大学出版社，共
同推动了两位学者合著的乡土著作《过去的乡
居生活》付梓。《过去的乡居生活》选取浙江
武义县一个县域传统民众的生活片断或场景，
通过图片的形象化和文字的具体化来记录并保
存，内容众多并且详尽，对于研究浙中风土人
情和民俗文化具有重要的参考价值。

《过去的乡居生活》

15 资助学者专著出版

● 资助摄影集出版《北京胡同的门》

王坚先生 1965 年开始从事摄影工作，几十年间，走遍北京大小胡同，拍摄了数千张门的照片。他希望将拍摄到的这些老北京门的照片留存下来，古老的文化得以延续。有见及此，创基金以"传承中华文化"为宗旨之一，将精选出其中一部分珍贵的资料进行出版，《北京胡同的门》已于 2015 年底发行，成为北京四合院大门的真实的形象记录，希望此书能给人以借鉴、研究。

《北京胡同的门》

● 资助专著出版《诸众的建筑学》

中国现代的建筑设计借鉴了很多西方的理论体系和研究，但是本土的、有中国特色的设计理论研究成果仍然十分匮乏。创基金支持设计界学术发展，鼓励并资助有才能的学者对设计理论进行深入研究，此次资助范凌先生（特赞 Tezign 创始人、CEO）关于城市与建筑的研究，并出版其研究成果《诸众的建筑学》，解说如何拨开城市化的表象，去理解城市的逻辑与辩证。

《诸众的建筑学》插图

● 上步小学外墙环保创意涂鸦活动

深圳市上步小学位于福田区巴登社区，周围环境卫生较差，学校外墙污渍斑斑，给师生带来不便也影响环境。巴登社区工作人员向创基金提出申请，共同开展"上步小学外墙环保创意涂鸦美化项目"。2015 年 5 月，创基金设计师志愿者在对现场进行查看之后，出具美化方案及设计图，联合深大义工、学校师生、家长、当地社区居民们共同参与绘画施工，希望将学校变美的同时提升社区居民环境保护意识和家园意识。

● 巴东环保创意涂鸦活动

深圳福田巴登社区和东园社区属于人口密度较高的"村居混合型"商住社区，房屋大多建于 20 世纪 80 年代，日积月累下来，房屋的外墙慢慢变得陈旧，留下了油烟、滴水和小广告的痕迹。为改善社区环境，2015 年 8 月 11 日，创基金设计师志愿者参与到以"家·融合"为主题的绿色巴东楼栋营造活动中，让这些老楼有了新"生命"，让居住在里面的人有新的生活。

17 创基金关注重大灾难救助

● 九寨沟地震

2017 年 8 月 8 日 21 时 19 分，四川省阿坝州九寨沟县发生 7.0 级地震。当天深夜，创基金紧急召开线上理事会，一致决定：通过壹基金捐赠救灾资金 5 万元，用于九寨沟受灾地区的救援工作。8 月 9 日，创基金完成捐赠。西北望，共祈愿，皆平安。

● 尼泊尔西藏地震

2015 年 4 月 25 日，尼泊尔发生 8.1 级强震，波及中国西藏。26 日再次发生 7.1 级地震，震源深度 10 千米。地震使两地遇难及受伤人数随着时间推移增加，备受全球关注。重大灾难当前，创基金义不容辞！震灾发生后，创基金紧急召开线上理事会议，达成一致捐赠意见：创基金将通过壹基金捐赠救灾资金，专项用于资助尼泊尔地震西藏受灾地区的救援工作。

创基金公益项目征集

创基金每年两期，长年面向全国推动建筑、室内设计及相关行业发展的个人、团体、单位、高等院校和科研机构，征集"课题和研究资助""教育和人才资助""文化和学术资助""设计数据与资料资助"四大类别的项目，并对优秀项目进行资助。报名请登录创基金官网（www.cfoundation）下载并填写《创基金项目申报表》，然后发送至基金会邮箱（info@cfoundation.cn）进行项目申请。

公益项目评审讨论现场

公益项目申报者进行项目陈述

运作型公益项目

01　创想学堂公益 A、B 计划

　　创想学堂公益项目是创基金 2016 年起开启的一项公益帮扶计划。根据帮扶方向的不同，可分为 A、B 两个计划：

　　创想学堂A计划，旨在发动全国各地设计行业协会、学会、组织等志愿者团体，共同帮助经济困难、艺术教育资源薄弱地区的学校及学生，提升美育素质，培养艺术兴趣。

2016 年 7 月 15 日湖南·醴陵 泥巴中的艺术——陶艺创梦课堂　　　2016 年 8 月 5-7 日广东·深圳 东江源"思源创想行动"

2016 年 9 月 11 日陕西·安康 留守的色彩　　　　　2016 年 10 月 12 日浙江·杭州 用艺术改变生活

2016 年 10 月 18 日河南·郑州 "蔬菜花园" 计划

2016 年 10 月 20 日广西·桂林 我是畅想家——桂林困境儿童艺术创想学堂

2016 年 11 月 16 日湖南·吉首 湘西齐心村小学公益

2017 年 3 月 24 日四川·雅安 星辰计划——新华乡创想学堂

2017 年 6 月 6 日广东·广州 BDT 青少年–社区规划创意课堂

2017 年 6 月 21 日云南·玉溪 河外小学第三空间校园改造

创想学堂 B 计划旨在联合知名国际设计机构，帮助有发展潜力的优秀青年设计师学习深造，以此扩宽视野、增长知识和见闻，加强中外文化交流。

日本学习 1

日本学习 2

荷兰学习 1

荷兰学习 2

02 创想奖学金计划

为促进设计实务的探索和创新，选拔设计行业新秀予以培养，2017 年创基金联合国内十二所美院和高校合作设立"创想奖学金"，并举办"创想之星"评选活动，培养当代大学生对设计创意思考、原创表达能力及创新设计能力，尤其唤起年轻学子对原创设计和创意创新的激情。2017 创想奖学金计划共举办三场校园巡回分享会及两场落地评审赛。

2017 创想奖学金计划启动仪式

2017 创想奖学金计划 40 进 16 复选赛

2017 创想奖学金计划 16 进 3 总决赛

03 中国设计创想论坛

中国设计创想论坛是创基金"创想"系列活动之一，旨在打造成为最具专业学术深度与广泛影响的设计交流公益平台。2017 年 9 月 16 日，以"设计·生活"为主题的第三届中国设计创想论坛在北京举办；2016 年 6 月 10–11 日，以"亚洲情·世界观"为主题的第二届中国设计创想论坛在上海召开；2015 年，以"上善若水"为主题的第一届中国设计创想论坛在杭州举行。

2017 中国设计创想论坛

2016 中国设计创想论坛

2015 中国设计创想论坛

04　公益研讨会

- 2016 公益研讨会

2016 年 12 月 3 日下午，创基金 2016 公益研讨会在深圳湾一号如期举行。会议以"求创新、助创业、共创未来"为主题，在创基金成立两周年之际，向社会汇报创基金 2016 年度公益活动成果，并与近百名来自全国各地的行业领导、领袖企业家代表、权威媒体等，共同探讨中国设计教育、艺术文化未来发展之路。梁志天先生当选为创基金 2017 届执行理事长。

与会代表合影

参会嘉宾参观公益展示区

- 2015 公益研讨会

2015 年 12 月 3 日下午，创基金一周年公益研讨会在故宫博物院隆重举行。本次研讨会以"求创新、助创业、共创未来"为主题，围绕 2015 工作汇报、理事长换届仪式、2016 工作展望及项目介绍、2016 年捐赠企业签约等事项有序进行。林学明先生接棒姜峰先生成为新任执行理事长。

公益研讨会活动现场

与会代表合影

对外交流活动

01 "传承·站出来"米兰展

2016 年 4 月 12-17 日,以"传承·站出来"为主题的"2016 米兰设计周——当代中国的生活哲学展"
在设计之都——意大利米兰隆重举行。创基金携手红星美凯龙,联合 10 家原创设计领先的家居品牌,
以"1 + 1 + 1"的强大阵容,从传统老物件中寻找设计灵感,创新设计作品共同诠释中国人的生活理
念,与来自世界各地的家居时尚行业来宾齐聚一堂,共同分享各自的设计理念和设计成果。

创基金代表作品

02 第二届中国设计大展

2016 年 1 月 9 日，由中华人民共和国文化部、广东省人民政府、深圳市人民政府共同主办的"第二届中国设计大展及公共艺术专题展"在深圳关山月美术馆开幕。创基金受邀参加"社会创新"公益展览，创基金执行理事长林学明、理事琚宾出席开幕式，并与与会嘉宾进行了互动交流。

创基金参加"社会创新"公益展览

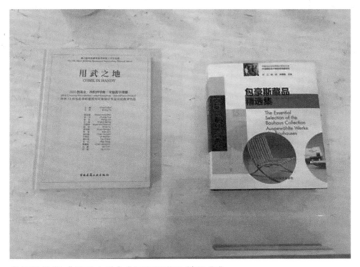

参展作品集《用武之地》《包豪斯藏品精选集》

03 华南（澳门）历史文化保护论坛

2016 年 12 月 9 日，创基金受邀参加 2016 华南（澳门）历史文化保护大会，于澳门城市大学何贤会议中心演讲厅举办大会开幕仪式。创基金理事陈耀光先生以及秘书长冯苏女士受邀参加开幕仪式，现场创基金理事陈耀光先生为此次活动致辞，并向参会嘉宾及多国学者进行创基金优秀项目分享、交流。

04 创基金参加韩美林艺术基金会活动

- 美林的世界 · 韩美林八十大展开幕式

2016 年 12 月 21 日，由中国联合国教科文组织全国委员会、中国文学艺术界联合会、中国国家博物馆主办的"美林的世界 · 韩美林八十大展"在中国国家博物馆拉开帷幕。创基金受邀参加该活动，理事陈耀光先生携秘书长冯苏女士代表创基金出席活动，并进行深入交流。

- 银川韩美林艺术馆开馆仪式

2015 年 12 月 21 日，第三座韩美林艺术馆在宁夏银川贺兰山下揭幕，创基金理事陈耀光、秘书长冯苏代表创基金受邀参加开馆仪式。创基金与韩美林艺术基金会就"如何在文化艺术活动及相关公益项目中加强彼此的交流与合作"进行了深入探讨。双方均希望未来能有机会通过公益强强联合，共同推进我国文化艺术事业的发展。

05 首届中国古村大会主题论坛

2015 年 11 月 20 日，由北京大学旅游研究与规划中心、清华大学建筑学院、古村之友全国古村落志愿者网络、盘古智库、北京清华同衡规划设计研究院、中国乡村文化研究院等单位联合乌镇旅游股份有限公司共同主办的首届中国古村大会在乌镇召开。创基金应邀参加"古村＋公益"主题论坛，探讨中国古村落保护与公益结合的发展与现实问题。

荣誉与奖项

创基金在众多公益项目与活动中表现出对行业和社会的高度责任心和卓越的成绩，促进了中国设计教育事业的发展，中华文化的传承和发扬，因此频频受到中国设计界和社会大众的高度认可与好评。在成立不到三年的时间里，创基金相继荣获下列奖项与荣誉：

01 新浪家居 2014 年度设计金鼎奖

02 第四届中国慈展会 "社会创投合伙人"

03 2015 中国室内设计周 "2015 中国室内设计公益事业推动奖"

04 网易家居 & 网易新闻 "2015 中国设计有态度公益奖"

05 2016 深圳家居设计周公益奖

06 2016 "设计中国" 公益推动奖

07 中国室内设计二十年总评榜——设计公益奖

08 中国建筑装饰行业设计领域 2016 年度公益奖

09 摩登上海时尚家居展 & 网易家居 2017 年度摩登态度公益奖

10 2017 台湾室内设计周公益贡献特别奖

新浪家居 2014 年度设计金鼎奖

第四届中国慈展会 "社会创投合伙人"

2015 中国室内设计周"2015 中国室内设计公益事业推 网易家居 & 网易新闻"2015 中国设计有态度公益奖"
动奖"

2016 深圳家居设计周公益奖   2016"设计中国"公益推动奖

中国室内设计二十年总评榜——设计公益奖

中国建筑装饰行业设计领域 2016 年度公益奖

摩登上海时尚家居展 & 网易家居 2017 年度摩登态度公益奖

2017 台湾室内设计周公益贡献特别奖

创基金项目征集信息

01　创基金公益项目征集

创基金每年两期，长年面向全国推动建筑、室内设计及相关行业发展的个人、团体、单位、高等院校和科研机构，征集"课题和研究资助""教育和人才资助""文化和学术资助""设计数据与资料资助"四大类别的项目，并对优秀项目进行资助。

申报请登录创基金官网（www.cfoundation）下载并填写"创基金项目申报表"，然后发送至基金会邮箱（info@cfoundation.cn）进行项目申请。

02　创想奖学金计划

为促进设计实务的探索和创新，选拔设计行业新秀予以培养，2017 年起，创基金特联合国内美院和高校合作设立"创想奖学金"，并举办"创想之星"评选活动，培养当代大学生对设计创意思考、原创表达能力及创新设计能力，尤其唤起年轻学子对原创设计和创意创新的激情。

报名请登录创基金官网（www.cfoundation）下载并填写"创想奖学金计划报名表"，然后发送至基金会邮箱（info@cfoundation.cn）进行报名。

03　创想学堂公益 A 计划

创想学堂公益 A 计划，2016 年起持续发起，旨在发动全国各地志愿者、组织、机构等组成公益团体，共同帮助经济困难、艺术教育资源薄弱地区的学校及学生，提升美育素质，培养艺术兴趣。

申报请登录创基金官网（www.cfoundation）下载并填写"创想学堂公益 A 计划申报表"，然后发送至基金会邮箱（info@cfoundation.cn）进行申请。

04   创想学堂公益 B 计划

创想学堂公益 B 计划，2016 年起持续发起，联合知名国际设计学习机构，旨在帮助有发展潜力的优秀青年设计师出国学习深造，以此扩宽视野、增长知识和见闻，加强中外文化交流。

报名请登录创基金官网（www.cfoundation）下载并填写"创想学堂公益 B 计划报名表"，然后发送至基金会邮箱（info@cfoundation.cn）进行报名。

05   创想志愿者招募

2017 年创基金正式筹备志愿者招募计划，希冀更多的设计师、设计爱好者、公益爱好者加入到志愿者的行列；让美发生在生活的每一个角落，身体力行去美化生活，提升他人幸福指数。

报名请登录创基金官网（www.cfoundation）下载并填写"创想志愿者报名表"，然后发送至基金会邮箱（info@cfoundation.cn）进行报名。

信息咨询：

电话：+86 (755) 86718561（创基金 秘书处）
地址：深圳市南山区华侨城创意园 A4 栋 502A

图书在版编目（CIP）数据

中国设计创想论坛文集2015-2017／创基金编．—北京：中国建筑工业出版社，2017.11
ISBN 978-7-112-21612-3

Ⅰ．①中…　Ⅱ．①创…　Ⅲ．①设计学－中国－文集
Ⅳ．①TB21-53

中国版本图书馆CIP数据核字（2017）第295289号

本书是创基金2015-2017年三届中国设计创想论坛的圆桌讨论成果集结而成。创基金发起中国设计创想论坛，旨在搭建中国最具专业学术深度与广泛影响的公益性质设计交流平台，以本书记录和传播业内专家、学者、设计师的真知灼见，更好地回馈社会，回馈行业。本书前三部分为2015-2017中国设计创想论坛，第四部分为创想公益之路。希望本书所记录的观点能让设计院校、设计业、设计人乃至大众有所思，有所获。

责任编辑：封　毅　张瀛天
书籍设计：张悟静
责任校对：李欣慰

中国设计创想论坛文集2015-2017
创基金　编
*
中国建筑工业出版社出版、发行（北京海淀三里河路9号）
各地新华书店、建筑书店经销
北京锋尚制版有限公司制版
上海盛通时代印刷有限公司
*
开本：889×1194毫米　1/20　印张：11⅘　字数：338千字
2017年12月第一版　2017年12月第一次印刷
定价：80.00元
ISBN 978-7-112-21612-3
　　　（31162）